Sophie Bieber

DAS ENDE TOXISCHER MÄNNLICHKEIT

REDLINE | VERLAG

Sophie Bieber

DAS ENDE TOXISCHER MÄNNLICHKEIT

Schluss mit Boys Clubs,
Bro Codes und Alphatierchen
in der Unternehmenswelt

Bibliografische Information der Deutschen Nationalbibliothek
Die Deutsche Nationalbibliothek verzeichnet diese Publikation in der Deutschen Nationalbibliografie.
Detaillierte bibliografische Daten sind im Internet über http://d-nb.de abrufbar.

Für Fragen und Anregungen
info@m-vg.de

Originalausgabe
1. Auflage 2024

Türkenstraße 89
80799 München
Tel.: 089 651285-0

Redaktion: Britta Fietzke
Umschlaggestaltung: Karina Braun
Umschlagabbildung: Shutterstock.com/ustymchuk
Satz: inpunkt[w]o, Wilnsdorf (www.inpunktwo.de)
Druck: GGP Media GmbH, Pößneck
Printed in Germany

ISBN Print 978-3-86881-965-6
ISBN E-Book (PDF) 978-3-96267-587-5
ISBN E-Book (EPUB, Mobi) 978-3-96267-588-2

Für Papa und Frances.

Inhalt

Vorwort

WARUM ICH DIESES BUCH GESCHRIEBEN HABE

Ich bin Anfang 30, privilegiert in einem Akademikerhaushalt aufgewachsen, war nie das Opfer von Rassismus und startete mit den sehr guten Voraussetzungen, die mir gegeben wurden, in ein Berufsleben, das mich überraschen sollte.

Rückblickend war ich oft naiv. Rückblickend habe ich zu spät verstanden, wie vielschichtig und versteckt sich Sexismus zeigt. Rückblickend hätte ich früher und öfter laut sein sollen.

Doch diese Naivität prägte meine ersten Berufsjahre: Ich wollte an das Gute im Menschen glauben. Ich erinnere mich an die Leiterin des Restaurants, in dem ich während meines Studiums gekellnert habe. Sie bat mich immer wieder, mir die Positivität und die Fröhlichkeit nicht nehmen zu lassen, und sagte mir, dass sie mich dafür bewundere. So richtig wusste ich nicht, was sie damit meinte. Inzwischen bin ich aber jenen Hürden und Situationen begegnet, die einen so hart auf den Boden holen, dass ich es inzwischen verstehe.

Zu Beginn meines Berufslebens als Praktikantin war es für mich vollkommen normal, dass mein Manager mich Kaffee holen schickte. Dass aber der männliche Praktikant stattdessen in Meetings saß und die Unternehmensprozesse erklärt bekam, machte mich zwar stutzig, aber in meiner Naivität glaubte ich, dass das schon Sinn ergebe und der Manager einen Plan habe.

Erst mit der Zeit fiel mir auf, wie viele Missstände herrschen, und wie sehr wir durch unsere Umgebung dahingehend geprägt werden, dass wir Ungerechtigkeiten entweder gar nicht wahrnehmen oder sie kleinreden und hinnehmen.

Ich schreibe dieses Buch, um nicht nur zu verdeutlichen, dass Grenzen kontinuierlich mit einer angsteinflößenden Selbstverständlichkeit überschritten werden, sondern ich schreibe dieses Buch unter anderem auch, damit der männliche Praktikant, Kollege, Manager den Mund aufmacht, wenn er mit solchen Situationen, in denen er so privilegiert behandelt wird, konfrontiert wird. Ich wünsche mir, dass wir schädliches Verhalten identifizieren und bekämpfen, und dass wir uns gemeinsam für eine gesündere und bessere (Arbeits-) Welt einsetzen.

Toxische Männlichkeit. Ein Phänomen, das allen schadet und die Gesellschaft gegeneinander aufbringt. Und das nur besiegbar ist, wenn alle auf derselben Seite stehen – auf der, die für Gleichberechtigung, gesunde Menschen und den Niedergang des Patriarchats sorgt. Dazu möchte ich meinen Teil beitragen. Als Frau, die seit vielen Jahren im Arbeitsleben steht, weiß ich, was es heißt, diese Anfeindungen zu erleben. Darüber hinaus habe ich mir im Laufe der Jahre ein Netzwerk aufgebaut, das aus vielen Menschen besteht, die teilweise drastische, teilweise harmlos scheinende Begegnungen hatten, die die Notwendigkeit dieses Buches beweisen.

Zu Beginn meines Schreibprozesses dieses Buches wurde mehrfach angemerkt, dass die teilweise sehr skandalösen Vorkommnisse, von denen ich berichte, gegebenenfalls auf die entsprechenden Menschen zurückzuführen sein könnten. Mein Ziel hier ist es in keinem Fall, einzelne toxische Menschen zu outen und anzuprangern. Mein Ziel ist es, ein gesamtgesellschaftliches Problem aufzuzeigen und darauf hinzuweisen, dass jede:r einen Teil dazu beitragen kann und sollte, Vorfälle wie die von mir geschilderten nicht abzutun und wegzusehen, sondern als das, was sie sind, anzusprechen: ein Missstand, der die Gesellschaft und die Arbeitswelt vergiftet.

Alle hier beschriebenen Situationen sind entweder mir oder Menschen, mit denen ich im Rahmen meiner Recherche sprach, passiert. Ich habe aus genanntem Grund alle Vorfälle so anonymisiert, dass sie von Außenstehenden nicht auf Personen oder Unternehmen zurückzuführen sind. Selbstverständlich kann es aber sein, dass die Menschen, von denen die Geschichten handeln, sich selbst erkennen.

Das kann und will ich nicht vermeiden.

Es sei an dieser Stelle zudem gesagt: Wer dieses Buch aufgrund der Befürchtung liest, sich selbst in der einen oder anderen Geschichte wiederzufinden, sollte unabhängig davon, ob er/sie hier fündig wird, das eigene Verhalten überdenken, denn es scheint ja Anlass zu geben, es als negatives Beispiel aufzuführen.

Es gibt Bewegungen und Faktoren in der Gesellschaft, die zeigen, dass es an der Zeit ist, sich mit dem Thema Toxische Männlichkeit zu beschäftigen und sich bewusst zu machen, welche Änderungen notwendig sind, um künftig als Gesellschaft, aber auch als Unternehmen erfolgreich zu sein.

Die nachkommenden Generationen haben die Möglichkeit, die Rollenbilder neu zu definieren, und damit schädliche Geschlechternormen abzulehnen sowie gerechtere, integrativere Lebensweisen und Arbeitsumfelder zu etablieren.

Gleichzeitig sehen wir ein generell erhöhtes Bewusstsein für die negativen Auswirkungen toxischer Männlichkeit sowohl auf den/die Einzelne:n als auch auf die Gesellschaft als Ganzes. Es sind immer mehr Menschen bereit, über toxische Männlichkeit zu sprechen und auf eine Veränderung hinzuarbeiten. Initiativen wie die #MeToo-Bewegung rücken das weitverbreitete Problem der sexuellen Belästigung und Übergriffe ins Licht und tragen dazu bei, toxische Männlichkeit und deren Auswirkungen ins öffentliche Bewusstsein zu rufen.

Generell wird die Notwendigkeit von Veränderung immer offensichtlicher. Die Welt steht seit Jahren vor einer Vielzahl von Herausforderungen – von der COVID-19-Pandemie über Kriege bis hin zur Klimakrise. Die Auseinandersetzung mit der oftmals schädlichen Sozialisierung in unserer Gesellschaft und der Vermittlung von toxischen Rollenbildern kann dazu beitragen, eine gerechtere, widerstandsfähigere und gesündere Gesellschaft zu etablieren.

Schaffen wir gemeinsam eine neue Normalität und definieren wir Rollenbilder neu, wird dies dramatische Auswirkungen auf alle Aspekte unseres Lebens haben. Der Mann, der lieber zu Hause bleibt und auf die Kinder aufpasst, wird genauso akzeptiert sein wie die Frau, die aus vollem Herzen Hausfrau sein möchte – oder die, die weder Kinder noch Ehe möchte. Gewalt und Diskriminierung werden sich verringern. Geistige und körperliche Gesundheit werden mit neuen, nicht-toxischen Rollenbildern genauso gefördert wie die Produktivität und Innovationsfähigkeit unserer Gesellschaft. Hierfür müssen wir gesunde, produktive und gerechte Systeme schaffen, die wir nur dann erreichen, wenn wir die Missstände im Zusammenhang mit der aktuellen toxischen Sozialisierung und den Verhaltensmustern ersichtlich machen, sie ansprechen und Wege finden, sie zu überwinden.

Ich möchte anmerken, dass ich in diesem Buch primär auf Personen, die als »Mann« und »Frau« sozialisiert wurden, eingehe, da dies die Rollen sind, die ich in meiner beruflichen Laufbahn in großer Zahl beobachten konnte. Dass nicht-binäre Menschen und alle anderen Gruppen ebenfalls Gehör und Beachtung finden, ist nicht weniger wichtig. Ich möchte hier jedoch über jene Themen sprechen, über die ich aus erster Hand berichten kann. Als weiße, binäre cis Frau* schildere ich Erfahrungen, die ich persönlich gemacht oder beobachtet habe, und gehe bewusst in die Zuhörerrolle, wenn Menschen von Erfahrungen sprechen, mit denen ich aufgrund meiner Privilegien nicht konfrontiert bin. Während der Recherche zu diesem Buch habe ich genau dies getan: Ich habe zugehört. Dadurch wurde mir mehr denn je bewusst, dass diese Bühne, die ich habe, und das Bewusstsein, dass ich durch meine Privilegien immer vergleichsweise weich fallen werde, mit großer Verantwortung einhergehen. Daher möchte ich diese Bühne bewusst nutzen und die Stimme meiner Gesprächspartner sein, um exemplarisch jenen Menschen eine Bühne zu geben, die in der Gesellschaft und in Unternehmen weniger Gehör finden.

Ich berichte daher sowohl von meinen eigenen Erfahrungen aus verschiedenen Unternehmen in verschiedenen Branchen als auch von den Erlebnissen diverser Menschen, die entweder keine Bühne bekommen oder massive Konsequenzen befürchten, falls sie ihre Geschichte(n) ohne Anonymisierung bekannt machen. Einige Frauen, die mir von sexuellen Belästigungen und

---

* cisgeschlechtlich ist eine Bezeichnung für Menschen, deren Geschlechtsidentität mit dem Sex übereinstimmt, das ihnen bei ihrer Geburt anhand der Genitalien zugeschrieben wurde.

Übergriffen berichteten, fürchten um ihren Job. Eine Frau konkret berichtete mir, dass der Mann, dessen Avancen sie abwies, ihr sehr glaubwürdig damit drohte, dass er ihr Leben zerstören würde, wenn sie jemandem davon erzählte.

Die Namen, die ich hier verwende, sind also frei erfunden und stehen jeweils für eine Person und ihre Erfahrungen.

Wie das letzte Beispiel verdeutlicht, missbrauchen toxische Männer gerne ihre Machtposition, um ihren Opfern Angst einzujagen und einzuschüchtern. Wie effektiv dies geschieht, wurde mir im Rahmen der Recherche immer deutlicher. Und Frauen, die ebenfalls in diesem toxischen Rollenbild gefangen sind, sind nicht weniger gefährlich.

Die traurige Wahrheit ist, dass keine Person, mit der ich sprach, von meinen eigenen Geschichten wirklich überrascht war oder ihnen keinen Glauben schenkte. Ein mitfühlendes Nicken war die häufigste Reaktion, wenn ich schilderte, was ich im Laufe meiner Karriere beobachtete, meist gefolgt von einer eigenen Geschichte meines Gegenübers. Zu sehen, dass niemand in meinem Umfeld die Existenz solcher Strukturen und solchen Verhaltens anzweifelt, zeigt, dass wir nur an der Spitze des Eisberges kratzen. Und zu sehen, dass die weitverbreiteten nicht-toxischen Männer nicht weniger unter diesen Strukturen leiden als betroffene Frauen und alle anderen Gruppen, macht deutlich, dass etwas passieren muss, und wir unsere Kräfte bündeln müssen.

Toxische Männlichkeit. Der zuverlässigste Weg in eine rückwärtsgerichtete, diskriminierende und einseitige Zukunft. Für deren Verhinderung wir laut sein müssen.

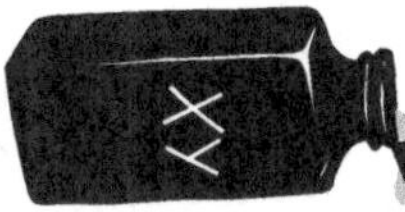

WAS IST TOXISCHE MÄNNLICHKEIT?

Toxische Männlichkeit nennt man das destruktive Verhalten von Männern, das ihnen selbst und anderen Schaden zuführt. Es geht um das Festhalten an veralteten, schädlichen und diskriminierenden Verhaltensweisen und Denkmustern, welche ihre Ursprünge in der Sozialisierung finden.[1]

Die Geschlechterrolle des Mannes wird dabei durch repressive und klischeehafte Verhaltensweisen wie Aggressivität, Gewaltbereitschaft oder Emotionslosigkeit definiert. Die stereotype Sichtweise auf Männer lebt außerdem von anderen problematischen Verhaltensweisen wie emotionaler Kälte, Kontroll- und Machtausübung, ausgeprägtem Konkurrenzdenken, einem Mangel an Empathie, starker Einzelkämpfermentalität, hoher Risikobereitschaft, Angriffslust oder auch der Abwertung vermeintlich weiblicher Eigenschaften als Schwäche.

Toxische Männlichkeit sowie die Unterdrückung von Frauen und anderen marginalisierten Gruppen sind miteinander verknüpft, sie verstärken sich zudem oft gegenseitig. Toxische Männlichkeit ist häufig durch den Glauben an männliche Überlegenheit und das Bedürfnis gekennzeichnet, andere zu kontrollieren und zu dominieren. Dies kann sich in Verhaltensweisen wie sexueller Belästigung, häuslicher Gewalt und anderen Formen der geschlechtsspezifischen Gewalt äußern, die darauf abzielen, Macht und Kontrolle über Frauen und andere Gesellschaftsgruppen zu erlangen.

Gleichzeitig kann toxische Männlichkeit auch zur Unterdrückung von Frauen beitragen, indem sie starre Geschlechternormen und Erwartungen fördert, die sowohl die Wahlmöglichkeiten von Frauen einschränken als auch ihre Chancen begrenzen. Dazu kann es gehören, dass Frauen der Zugang zu Bildung und Beschäftigung verwehrt sowie ihnen reproduktive Rechte und Autonomie verweigert werden.

Die Überschneidung von toxischer Männlichkeit und der Unterdrückung von Frauen trägt auch zu einer Kultur bei, die gewalttätiges und missbräuchliches Verhalten gegenüber Frauen normalisiert und entschuldigt. Dies kann es Frauen erschweren, über ihre Erfahrungen zu sprechen und Unterstützung und Ressourcen zu suchen.

Um Unterdrückung zu beenden und eine gerechtere Gesellschaft zu schaffen, ist es wichtig, toxische Männlichkeit infrage zu stellen und die Gleichstellung aller Geschlechter zu fördern. Dies erfordert einen ganzheitlichen Ansatz, der sich mit den Ursachen toxischer Männlichkeit und den Überschneidungen mit anderen Formen der Unterdrückung, einschließlich Rassismus, Homophobie und Transphobie befasst.

WIE ENTSTEHT TOXISCHE MÄNNLICHKEIT?

Toxische Männlichkeit entsteht aufgrund gesellschaftlicher Normen und Erwartungen in Bezug darauf, was es bedeutet, ein Mann zu sein. Diese Normen betonen oft traditionelle männliche Eigenschaften wie Härte, Dominanz und Aggression. Gleichzeitig werden Eigenschaften, die als weiblich und damit als schwach angesehen werden, wie Verletzlichkeit und Sensibilität, abgelehnt.[2]

Entsprechende Erwartungen werden häufig durch eine Vielzahl kultureller Institutionen wie Medien, Religion und Bildung verstärkt, die eine enge und schädliche Definition von Männlichkeit fördern. Das wiederum kann dazu führen, dass Menschen, insbesondere Jungen und Männer, diese Erwartungen verinnerlichen und sich unter Druck gesetzt fühlen, toxischen Männlichkeitsnormen zu entsprechen.[3]

Toxische Männlichkeit wird auch durch eine Machtdynamik aufrechterhalten, wie durch patriarchalische Systeme, die die männliche Dominanz konservieren sowie die Autonomie und Handlungsfähigkeit von weiblich gelesenen Personen einschränken. Diese Machtdynamik kann zu einer Kultur der Gewalt, Unterdrückung und Diskriminierung beitragen.

Toxische Männlichkeit ist demnach ein soziales Problem, das durch ein komplexes Zusammenspiel kultureller, gesellschaftlicher und individueller Faktoren aufrechterhalten wird. Um dieses Problem anzugehen, ist ein ganzheitlicher und differenzierter Ansatz erforderlich, der schädliche Normen infrage stellt und gesunde Ausdrucksformen von Männlichkeit fördert.

Im familiären Kontext entsteht toxische Männlichkeit durch Sozialisierung, häufig auch in der Familie durch Traumavererbung der Väter auf ihre Söhne. Doch auch Mütter und andere Familienangehörige prägen das toxische Bild des Mannes, welches Jungen oft schon in ihrer Kindheit vorgelebt wird und das sie auferlegt bekommen. Redewendungen wie »Du wirfst wie ein Mädchen«, »Sei ein Mann« oder »Echte Männer weinen nicht« sind nur die Spitze des Eisberges, der Jungen ein so gefährliches und schädigendes Idealbild beider Geschlechter vermittelt.

Wenn die Kindheit geprägt ist von Mutproben, Kräftemessen, Risikobereitschaft, Gewalt und patriarchalischen Strukturen, in denen sich die Mutter unterordnet und nicht widerspricht, während der Vater die soziale Herrschaft über die Familie innehat, entstehen strukturelle Probleme, die die Grundsteine für die nächste Generation von Menschen legen, die toxischer Männlichkeit ausgesetzt sind.

Hört man solchen Menschen zu, die in ihrer Kindheit mit toxischer Männlichkeit konfrontiert waren, wird häufig von dominanten, kontrollsüchtigen, sogar gewalttätigen Vätern gesprochen. Vorgelebt wird, dass es völlig in Ordnung ist, unsensibel, angriffslustig, beleidigend, emotionslos und sexistisch zu sein. Väter können toxische Männlichkeit in ihren Söhnen auf verschiedene Weise fördern, unter anderem durch Betonung von körperlicher Härte und Aggression. Wenn Väter einen hohen Wert auf körperliche Stärke legen und ihre Söhne zu aggressivem Verhalten ermutigen, aber gleichzeitig emotionalen Ausdruck abtun oder herabsetzen und ihren Söhnen sagen, sie sollten »hart bleiben« oder »ein Mann sein«, bringen sie ihnen möglicherweise bei, ihre Gefühle zu unterdrücken und keine Hilfe oder Unterstützung zu suchen, wenn sie sie benötigen.

Das Vorleben von respektlosem Verhalten gegenüber Frauen fördert ebenfalls die toxische Männlichkeit bei den beobachtenden Kindern. Hier wird vorgelebt, dass Dominanz und Kontrolle wichtige Bestandteile der Männlichkeit sind, und die Vorstellung, dass echte Männer immer die Kontrolle haben und andere dominieren müssen, wird gefördert. Gewalt und Aggression werden als akzeptable Mittel positioniert, um diese Männlichkeit zu behaupten. Das Versäumnis, missbräuchliches Verhalten anzusprechen, ist ein weiterer Multiplikator: Wenn Väter Mobbing, Sexismus und missbräuchliches Verhalten von anderen ignorieren oder abtun, lernt das Kind dadurch, dass es völlig akzeptabel ist, gewisse Themen unter den Teppich zu kehren. Die Resultate derartiger Prägungen beobachten wir heute täglich, unter anderem in Unternehmen.

Mütter verstärken dieses Bild unter Umständen noch, indem sie dem künstlich kreierten, patriarchalischen Rollenbild entsprechen und somit zu Komplizinnen der toxischen Männlichkeit werden. Sie leben vor, dass Männer (nur) dann Anerkennung bekommen, wenn sie keine Schwäche zeigen, und dass Mütter in der den Mann umsorgenden Rolle aufgehen und darin ihren Lebensmittelpunkt finden. Es wird eine klare Aufgabenverteilung vorgelebt, in der von der Vereinbarung der Arzttermine über die Bereitstellung aller Mahlzeiten hin zur Organisation des Privatlebens die Frauen alle »weiblichen« Aufgaben erledigen. Tun sie das dann auch für die Söhne und übernehmen jegliche Verantwortung, ohne sie zur Selbstständigkeit zu erziehen, erschaffen sie das männliche Produkt eines toxischen Elternhauses: Söhne, die Frauen danach bewerten, wie gut sie sie bemuttern.

Mütter können generell eine verstärkende Rolle bei der Sozialisierung von Jungen spielen, die toxische Männlichkeit entwickeln, aber es ist wichtig zu beachten, dass auch dies ein Ergebnis der Verinnerlichung kultureller und gesellschaftlicher Normen und Erwartungen an Männlichkeit ist. Mütter fördern toxische Männlichkeit vermutlich nicht absichtlich, sondern geben eher schädliche Überzeugungen und Verhaltensweisen weiter, die sie aus ihrer eigenen Erziehung oder ihrem kulturellen Hintergrund übernommen haben. So können Mütter Jungen davon abhalten, Gefühle auszudrücken oder sich mit Spielzeug oder Aktivitäten zu befassen, die als »weiblich« gelten, weil sie es so kennen. Dementsprechend können sie Jungen auch beibringen, Macht, Kontrolle und Dominanz zu bevorzugen sowie Frauen und Menschen mit vermeintlich weiblichen Eigenschaften als minderwertig zu betrachten.

Eine besonders ausgeprägte Form der Förderung toxischer Männlichkeit durch Mütter können wir rückblickend in den (Nach-)Kriegsgenerationen beobachten. Die Weltkriege hatten einen erheblichen Einfluss auf die Entwicklung und Aufrechterhaltung der toxischen Männlichkeit. Während ihres Verlaufs wurde von Männern zum Dienst ihres Landes und Schutz ihrer Familien Stärke, Mut und Emotionslosigkeit gefordert. Dieses Ideal des »kriegerischen Mannes« wurde in der Propaganda und der Populärkultur gefeiert und aufrechterhalten, es wurde zu einer dominanten kulturellen Norm, die mit Männlichkeit assoziiert wurde.

Kriegserfahrungen und Stress im Kampf können auch dauerhafte, schädliche Auswirkungen auf die Soldaten haben, einschließlich einer posttraumatischen Belastungsstörung (PTBS), die zur Entwicklung oder Förderung einer toxischen Männlichkeit beitragen kann. So können Soldaten, die ein Trauma erlebt haben, beim Versuch der Traumabewältigung aggressiver und gewalttätiger werden oder zu missbräuchlichem Verhalten neigen und schädliche männliche Normen und Überzeugungen verinnerlichen, um mit ihren Erfahrungen zurechtzukommen.[4]

Nach dem Krieg kehrten viele Soldaten mit diesen toxischen männlichen Normen und Verhaltensweisen in das zivile Leben zurück, wo sie in der Gesellschaft durch kulturelle Institutionen wie Medien und Bildung fortgeschrieben wurden. Dies trug dazu bei, toxische Männlichkeit als dominante kulturelle Norm zu etablieren, die auch heute noch nachhaltig die Gesellschaft beeinflusst. Kriegserfahrungen und damit assoziierte kulturelle Normen dürften sich maßgeblich auf die Entwicklung toxischer Männlichkeit ausgewirkt haben.

Frauen, die den Ersten Weltkrieg und andere Konflikte überlebt haben, haben möglicherweise absichtlich oder unabsichtlich toxische männliche Normen und Verhaltensweisen an ihre Kinder weitergegeben. So spricht einiges dafür, dass von Kriegserfahrungen geprägte Frauen häufiger Schwierigkeiten entwickeln, sich ihren Kindern gegenüber geduldig, empathisch und zugewandt zu verhalten. Das wiederum wirkt sich prägend auf das Wertesystem und die Persönlichkeitsentwicklung ihrer Kinder aus. Frauen, die eine Idealisierung der toxischen Männlichkeit in der Gesellschaft erleben, dürften damit assoziierte Normen, Überzeugungen und Erziehungspraktiken mit hoher

Wahrscheinlichkeit mindestens weitergeben, wenn nicht sogar verstärken. Die Einhaltung starrer Geschlechterrollen und -erwartungen sowie die Vermeidung des Ausdrucks der eigenen Gefühle oder Verhaltensweisen, die als »weiblich« galten, sind hierfür exemplarisch.

Ein weiterer nicht zu vernachlässigender Aspekt sind die Dynamiken innerhalb von Familien zu dieser Zeit. Kinder, die im Krieg Eltern oder andere geliebte Menschen verloren hatten, wurden möglicherweise unter Druck gesetzt, stark und stoisch zu sein, um ihre Familien zu unterstützen und das Andenken an ihre Angehörigen zu bewahren. Verwitwete Mütter wiederum haben ihre Söhne in ihrer eigenen emotionalen Ausnahmesituation, geprägt durch Einsamkeit, Ängste und die alleinige Verantwortung, mit erhöhter Wahrscheinlichkeit in problematische und toxische Rollen geführt. Die Söhne wurden wahrscheinlich häufiger für ein im toxischen Sinne starkes männliches Verhalten mit der Liebe ihrer Mütter belohnt.

Betrachten wir die sogenannten »Trümmerfrauen«, womit Frauen in Deutschland bezeichnet wurden, die nach dem Ende des Zweiten Weltkriegs ihre Häuser und Gemeinden wieder aufbauen mussten, sehen wir Frauen, die sich mit großen Herausforderungen konfrontiert sahen, darunter Armut, Obdachlosigkeit und die Verarbeitung der Folgen erlittener Traumata. Heute gibt es neue Erkenntnisse, die von der Autorin Leonie Treber, getrieben und veröffentlicht wurden. Das idealisierte Bild der freiwilligen und heldenhaften Taten zum Wiederaufbau des Landes nach dem Krieg entspricht laut ihren Recherchen nicht der Realität. Weder waren hauptsächlich Frauen mit der Trümmerräumung beschäftigt, noch betrachteten die Frauen ihre Taten als heroisch. Stattdessen spricht sie von Medienkampagnen, die bewusst gestellte Bilder von Frauen in Arbeitskleidung publizierten, um das Narrativ der Trümmerfrauen zu schaffen und somit eine positive Identifikationsfigur zu platzieren. Und diese Figur idealisiert besonders Eigenschaften wie Stärke, Härte und Leidensfähigkeit.[5]

Rückblickend wurden in der Nachkriegsgesellschaft häufig toxische männliche Normen und Verhaltensweisen von Frauen aufrechterhalten. Im Rahmen der Erziehung in einer Gesellschaft, die sich nur schwer vom Krieg erholen konnte, haben sie ihren Kindern wohl typischerweise beigebracht, sich den traditionellen Geschlechterrollen und -erwartungen anzupassen, und sie davon abgehalten, Gefühle auszudrücken oder als »weiblich« gelesene Verhaltensweisen an den Tag zu legen. Viele dieser Frauen haben zudem auf die Unterstützung ihrer Söhne gebaut, um beim Wiederaufbau ihrer Gemeinschaften zu helfen und ihre Familien zu unterstützen. Somit wurden insbesondere die Kinder dieser Generation angehalten, stark zu sein und keine Emotionen zu zeigen, um das erlebte Trauma und den erfahrenen Verlust zu bewältigen sowie den kulturellen Normen und Erwartungen an die Männlichkeit zu entsprechen.

Das Fehlen positiver männlicher Vorbilder, mit dem diese Generationen durch die im Krieg gefallenen Menschen im Besonderen konfrontiert waren, kann in mehrfacher Hinsicht zur Entwicklung einer toxischen Männlichkeit beigetragen haben. Ohne positive männliche Vorbilder herrscht ein begrenztes Verständnis von Männlichkeit. Jungen können ohne positive Modelle kaum eine Vorstellung von positiver Männlichkeit entwickeln – stattdessen entwickeln sie eher verzerrte Idealbilder. Negativbeispiele für Männlichkeit, wie gewalttätige Soldaten, waren präsent und prägten mangels Verfügbarkeit unterstützender und sorgender Männer das Bild.[6]

Das weitgehende Fehlen von im positiven Sinne attraktiven, souveränen, menschlichen, männlichen, echten Vorbildern verstärkt in der nächsten Generation mit hoher Wahrscheinlichkeit Probleme beim Ausdruck von Gefühlen. Ohne diese Vorbilder, die einen gesunden Gefühlsausdruck vorleben, fehlt etwas Wesentliches bei der Entwicklung von emotionaler Intelligenz und Belastbarkeit der Heranwachsenden.

Auch stellt sich die Frage, ob Jungen, denen es an positiven männlichen Vorbildern mangelte, irgendwann kompensatorisch häufiger zu missbräuchlichem Drogenkonsum, Gewalt oder anderen kriminellen Handlungen neigen. Die Überzeugung, dass Gewalt ein akzeptables Mittel zur Konfliktlösung ist oder dass Männer immer die Kontrolle innehaben, sind somit eine logische Konsequenz aus dem Fehlen empathischer Vorbilder, die eine gesunde Männlichkeit vorleben und Jungen bei der Entwicklung sowohl eines gesunden Selbstbewusstseins als auch positiver Beziehungen zu anderen unterstützen.

Neben den fehlenden Vaterfiguren in der Nachkriegszeit dominierten auch die weit verbreiteten finanziellen und emotionalen Probleme der Familien, weshalb viele Kriegsfamilien in den Söhnen eine Quelle der Unterstützung und Stabilität sahen. Dies drängte jene Söhne in Rollen, die sie in jungen Jahren noch nicht hätten erfüllen sollen, wie die des Versorgers und Beschützers, um so ihr eigenes Überleben und ihre Sicherheit zu gewährleisten. Dies bedeutete gleichzeitig, dass Kinder nicht Kinder sein konnten: Durch die Anpassungen in der Nachkriegszeit, welche unter anderem autoritäre Erziehungsweisen nahelegten, wurden Eigenschaften wie Stärke und die Fähigkeit, zu funktionieren, idealisiert. Selbsterfüllung, Achtsamkeit, Ausgewogenheit, Diskussionsfreudigkeit, Demokratie – all dies und weit mehr wurde hintenangestellt und musste hierarchischem, autoritärem Funktionieren weichen, welches letztendlich das Überleben sicherte.

In vielen Kulturen galten und gelten vermeintliche Stärke und emotionaler Stoizismus als wünschenswerte Eigenschaften von Männern und werden seit jeher mit dem Ideal des »kriegerischen Mannes« in Verbindung gebracht. Es wird in der Populärkultur, in den Medien und in der Erziehung fortgeschrieben und diente schon damals häufig dazu, Männer und Jungen zu ermutigen, angesichts von Widrigkeiten, einschließlich der mit dem Krieg verbundenen Traumata und Verluste, tapfer und emotionslos zu sein.

Heute wissen wir, dass diese kulturellen Normen und Erwartungen schädlich sind, da sie emotionale Intelligenz und die Auseinandersetzung mit der eigenen Verletzlichkeit unterdrücken, dass sie zur Entwicklung und Aufrechterhaltung einer toxischen Männlichkeit beitragen. Durch die Förderung gerechterer und gesünderer Definitionen von Männlichkeit können wir dazu beitragen, diesen Kreislauf zu durchbrechen, sowie Einzelpersonen und Familien bei der Heilung von Kriegsauswirkungen und anderer traumatischer Erfahrungen unterstützen.

Ein nicht zu vernachlässigender Faktor, der dieses gefährliche Männerbild ebenfalls bestärkt und füttert, ist das weitere soziale Umfeld, sprich die Peergroup der Heranwachsenden. Dies können sowohl Menschen ähnlichen Alters, als auch Interessensgruppen sein. Die Dynamiken, die sich in diesen Freundes- und Bekanntenkreisen abspielen, formen nachhaltig unsere Entwicklung. Wie der Umgang untereinander ist und welches Verhalten bestärkt oder belächelt wird, hat einen maßgeblichen Einfluss auf unser Selbstbild. Werden Gewaltbereitschaft, fehlende Empathie und soziale Kälte mit Applaus belohnt, ist es kein Wunder, dass eben diese Eigenschaften vermehrt gezeigt werden. Die emotionale, einfühlsame oder auch verletzliche Seite der Männer wird dabei oftmals gezielt verdrängt und kleingehalten.[7]

Durch Peergroups, die toxisch männliches Verhalten verinnerlicht haben und entsprechend auftreten, lernen Jungen also, dass sie hart, emotionslos und dominant sein sollten, um in ihrer Peergroup Anerkennung zu gewinnen. So bekommen sie vergleichsweise häufig und intensiv schädliche Verhaltensweisen wie Mobbing, Drogenmissbrauch, Aggression und Gewalt vorgelebt. Gleichaltrige können eine Kultur schaffen, in der Verletzlichkeit und Gefühlsausdruck stigmatisiert werden. Das entmutigt die Jungen, wodurch es ihnen erschwert wird, eine gesunde emotionale Intelligenz und Konfliktfähigkeit zu entwickeln. Auch das Vorleben von respektlosem und schädlichem Verhalten gegenüber Mädchen und Frauen kann sie lehren, Frauen als minderwertig zu betrachten. Und durch das Gefühl des Wettbewerbs und des Konformitätsdrucks wird jedes schädliche oder aggressive Verhalten bestärkt.

Wie man deutlich sieht, gibt es eine Vielzahl von Faktoren, die schädliches Verhalten hervorbringen und bestärken. Auf diese Weise entsteht eine Art Teufelskreis aus toxischer Männlichkeit, die nur durch eine bewusste Entscheidung durchbrochen werden kann, mit den alten Idealen abzuschließen und neue Werte für sich und die kommenden Generationen zu etablieren. Leben wir als Gesellschaft weiterhin Männern vor, dass sie nur durch diese vermeintlich männlichen Eigenschaften Respekt verdienen, wird toxische Männlichkeit weiterhin allgegenwärtig sein.

SIND ALLE MÄNNER TOXISCH?

An dieser Stelle sei angemerkt, dass der Begriff »toxische Männlichkeit« fehlinterpretiert werden kann – nicht die Männlichkeit selbst ist jedoch toxisch. Männlichkeit an sich hat erst einmal nichts mit toxischem Verhalten zu tun. Im Gegenteil: Es existieren zahllose Positivbeispiele, die zeigen, dass Männer progressiv, empathisch und an Gleichberechtigung interessiert sind. Toxisch wird es dann, wenn der Mann sich in der von dem Patriarchat vorgegebenen Rolle wiederfindet und diese ausfüllt, oder sich dazu gezwungen fühlt.

Hier muss differenziert werden! Daher noch einmal: Männlichkeit ist nicht toxisch, sondern die Rolle, in die Männer oft gedrängt werden, ist es.

Also: Nein, nicht alle Männer sind toxisch. Der Begriff »toxische Männlichkeit« bezieht sich auf bestimmte kulturelle Normen und Erwartungen an das Mannsein, die sowohl für Männer als auch für deren Umfeld schädlich sein können. Und während toxische Maskulinität zwar negative Folgen haben kann, verkörpern nicht alle Männer diese schädlichen Normen und Verhaltensweisen. Viele Männer lehnen toxische Männlichkeit aktiv ab und setzen sich für gesunde Formen von Männlichkeit ein, bei denen Respekt, Empathie und emotionale Intelligenz im Vordergrund stehen.

Es ist auch wichtig zu erkennen, dass toxische Männlichkeit ein kulturelles und gesellschaftliches statt ein individuelles Problem darstellt. Anstatt einzelne Männer für toxische Männlichkeit verantwortlich zu machen, ist es wichtig, auf die Schaffung einer Kultur hinzuarbeiten, in der alle Formen von Männlichkeit akzeptiert und gefeiert werden können, in der toxische Männlichkeit erkannt und bekämpft wird.

Männer, die keine toxische Maskulinität leben, haben ein ausgewogeneres und positiveres Verständnis dessen, was es bedeutet, ein Mann zu sein. So lehnen sie schädliche Stereotypen ab und setzen sich für Gleichberechtigung und Respekt gegenüber allen Geschlechtern ein. Sie sind tendenziell zudem eher bereit, Gefühle und Verletzlichkeit auszudrücken, anstatt diese als Zeichen von Schwäche anzusehen und zu unterdrücken.[8]

Diese Männer, die toxische Männlichkeit ablehnen, können selbstverständlich Eigenschaften aufweisen, die oft mit traditioneller Männlichkeit assoziiert werden, wie körperliche Stärke, Durchsetzungsfähigkeit oder einen ausgeprägten Beschützerinstinkt. Sie verstehen jedoch, dass diese Eigenschaften nicht dazu benutzt werden dürfen, andere zu dominieren oder zu verletzen, und dass es möglich ist, diese Eigenschaften zu verkörpern und gleichzeitig respektvoll, mitfühlend und einfühlsam zu sein.

Toxische Männlichkeit ist also keine inhärente Eigenschaft eines Mannes. Das sehen wir allein schon daran, dass auch Frauen durch selbiges Verhalten negativ auffallen können. Schädliche Einstellungen und Verhaltensweisen, die mit traditionellen Männlichkeitsnormen verbunden sind, müssen in Zukunft hinterfragt und abgelegt werden. Indem wir positive Einstellungen und Verhaltensweisen für alle Geschlechter fördern, schaffen wir eine integrativere und respektvollere Gesellschaft.

WARUM TOXISCHE MÄNNLICHKEIT ALLEN GESCHLECHTERN SCHADET

Fälschlicherweise wird toxische Männlichkeit in den Medien häufig so dargestellt, als würden Männer davon profitieren, und alle anderen Geschlechter darunter leiden. Doch das ist weit von der Realität entfernt. Während viele Frauen und auch nicht-binäre Menschen häufig offensichtlich leidtragend sind, darf man nicht vergessen, dass die schädlichen Stereotypen auch für Männer nachteilig sind. Und betrachtet man die Nachteile für alle Geschlechter, wird schnell klar, dass es sich nicht um einen Kampf der Geschlechter handelt, in dem Männer die Übeltäter sind, sondern um einen Kampf gegen toxische Standards, unter denen alle leiden.

MÄNNER WEINEN NICHT

Männer sind stark, unverwundbar und dominant. Sie sind niemals verletzlich oder zeigen anderweitige Gefühle. Sie sind unnachgiebig, unbesiegbar, verfügen über Macht und Kontrolle und sind überlegen. Mit absoluter Sicherheit zeigen sie aber vor allem niemals Emotionen jenseits von Aggression und Wut, welche den »schwachen Frauen« zugeschrieben werden. Männer weinen nicht.

So das Klischeebild.

Gemäß dieser toxischen Vorstellung von Männlichkeit wird von Männern erwartet, dass sie jederzeit die Kontrolle haben, dass sie alles vermeiden, was als schwach oder weiblich wahrgenommen wird. Dies kann dazu führen, dass

Männer sich unter Druck gesetzt fühlen, sich diesen schädlichen und einschränkenden Erwartungen anzupassen, also ihre Emotionen und Verwundbarkeit zu unterdrücken – besonders, wenn sie bereits im Kindesalter mit diesem Männlichkeitsbild sozialisiert wurden.

Individualität hat in der toxischen Männlichkeit keinen Platz. Toxische Männer passen sich den schädlichen kulturellen Normen und gesellschaftlichen Erwartungen an Männlichkeit aus verschiedenen Gründen an. Zum Beispiel wird aus Angst vor Zurückweisung gehandelt. Da Ablehnung in der Gesellschaft und in der Peergroup droht, entspricht man nicht den durch toxische Männlichkeitsideale geprägten Erwartungen. Auch das bereits erwähnte Fehlen von Vorbildern begünstigt toxische Männlichkeit durch das Ausbleiben von alternativen Männlichkeitsmodellen, die Empathie, Verletzlichkeit und Respekt für andere vorleben und fördern.

Toxische Männlichkeit hat weiterhin viel damit zu tun, Kontrolle über andere auszuüben und die eigene Dominanz zu behaupten, insbesondere über Frauen und diejenigen, die nicht den traditionellen Geschlechtsnormen entsprechen. Nicht selten wird physische oder psychische Aggression eingesetzt, um die eigene Dominanz und Kontrolle über andere durchzusetzen. Dabei werden Gefühle und Sichtweisen anderer ausgeblendet und die Bedürfnisse des Gegenübers nicht berücksichtigt.

Das Bestreben, ein »richtiger Mann« zu sein, geht mit starren Geschlechterrollen und der Kritik und Erniedrigung derjenigen einher, die diesen Erwartungen nicht entsprechen. Die Emotionspalette solch toxischer Männer ist bewusst kleingehalten, denn nur Wut und Aggression werden als starke und eines Mannes würdige Emotionen angesehen. Verletzlichkeit, Empathie oder Einfühlungsvermögen hingegen werden belächelt und abgelehnt. Dieses Verhalten kompensiert Unsicherheiten in Bezug auf den eigenen Wert und die eigenen Fähigkeiten; es trägt dazu bei, dass toxische Männer sich selbstbewusster fühlen, obwohl dies oft zu schädlichem Verhalten und einer verzerrten Sicht auf sich selbst und andere führt.

Doch auch wenn auf den ersten Blick Frauen die Leidtragenden der Auswirkungen von toxischer Männlichkeit sind, leiden Männer nicht weniger darunter. Denn das toxische Idealbild, das Männern teilweise anerzogen wird, ist hochgradig gefährlich und schadet ihnen selbst massiv. So führt toxische Männlichkeit zu einem Mangel an emotionaler Intelligenz sowie einem Gefühl der Isolation und einer sozialen Abspaltung, indem sie Männer davon abhält, Gefühle und Verletzlichkeit zuzulassen. Der Druck, sich an schädliche Normen anzupassen, führt zu einem hohen Maß an Stress und Angst, und erhöht dadurch das Risiko von Depressionen und anderen psychischen Problemen. Dies kann mit traurigen Zahlen belegt werden: Laut Weltgesundheitsorganisation ist die Suizidrate bei Männern global drei- bis viermal so hoch wie bei Frauen.[9]

Die mentale Gesundheit von Männern ist in der Gesellschaft nach wie vor ein Tabuthema, zudem ist die Bereitschaft von Frauen, sich professionelle Hilfe durch Therapien zu suchen, wesentlich größer. Dies zeigen diverse Studien, wie die des *Journal of Mental Health* oder des *Journal of Clinical Psychology*. Hier wird unter anderem besonders auf Hilfe bei Depressionen eingegangen, was als die Hauptursache für Suizid genannt wird.[10] Demnach nehmen Frauen statistisch gesehen häufiger psychologische Hilfe bei Depressionen in Anspruch, während Männer häufiger Suizid begehen. Die Korrelation ist offensichtlich.

Die Unterdrückung von Emotionen und die Vermeidung von Verwundbarkeit, was zu Gefühlen wie Isolation, Wut und Hoffnungslosigkeit führen kann, kann sich genauso zu depressiven Gefühlen entwickeln wie die mit toxischer Männlichkeit verbundenen kulturellen Erwartungen, welche massiven Druck erzeugen, unrealistische Männlichkeitsstandards zu erfüllen.[11]

Um die unterdrückten Gefühle der Unzulänglichkeit, Wut oder Einsamkeit zu kompensieren, zeigen toxische Männer nicht selten schädliche Verhaltensweisen wie Drogenmissbrauch. Auch Beziehungsprobleme wie häusliche Gewalt, psychischer oder physischer Missbrauch korrelieren stark mit toxischer Männlichkeit.[12] Die Verherrlichung von Gewalt und Aggression im Umfeld toxischer Männlichkeit ist ebenfalls kritisch zu betrachten und kann nicht nur körperlich gefährlich werden, sondern auch mentalen Schaden anrichten.

Indem Männer, die sich dem toxischen Männlichkeitsbild anpassen, oft weniger Hilfe und Unterstützung bei psychischen Problemen suchen, wird die Überwindung von Depressionen und anderen psychischen Problemen erschwert. Dementsprechend wird die mentale Gesundheit von Männern negativ durch toxische Männlichkeit und die entsprechende Sozialisierung beeinflusst.

Wir als Gesellschaft können mithilfe einer Auseinandersetzung mit den schädlichen kulturellen Normen im Zusammenhang mit dieser ebenso schädlichen Sozialisierung und der Verbesserung des Zugangs zu Ressourcen für psychische Gesundheit dazu beitragen, das Depressionsrisiko für Männer zu verringern, wir können sicherzustellen, dass alle Zugang zu der wichtigen Unterstützung und den entsprechenden Ressourcen haben und dass die Hemmung, diese anzunehmen, kleiner wird.

Neben dem gesundheitlichen Aspekt werden auch andere Bereiche des Lebens massiv beeinträchtigt. Ein toxisch sozialisierter Mann wird selten eine gesunde Beziehung führen, da es durch die Förderung von Aggression, Dominanz und einen Mangel an Empathie erschwert wird, tiefe, bedeutungsvolle Verbindungen zu anderen aufzubauen.

Die schädliche Definition von Männlichkeit schränkt außerdem die Selbstentfaltung der Männer massiv ein und hindert sie daran, ihre Individualität und Kreativität voll auszuleben.

Die drastischen Auswirkungen von toxischer Männlichkeit auf Männer sollten also keineswegs unterschätzt werden und ziehen nicht nur Konsequenzen wie emotionale Abschottung und Depressionen nach sich, sondern können bis hin zur Ausweglosigkeit und zum Suizid führen. Betrachten wir zum Beispiel die globalen Suizidraten der Jahre 2000 bis 2019, so sehen wir eine fast doppelt so hohe Suizidrate bei Männern als bei Frauen. Beispielsweise zählten wir im Jahr 2019 auf 100.000 Frauen 5,4 Suizide, während es bei den Männern bei gleicher Grundgesamtheit 12,6 Suizide waren.[13]

Selbstverständlich ist jeder Suizid schrecklich und sollte verhindert werden, unabhängig vom Geschlecht, jedoch sehen wir hier deutlich die Auswirkungen der Sozialisierung und des Drucks, der auf Männern lastet; so stehen an der Spitze der Liste für Ursachen, die zum Suizid geführt haben, (oft unbehandelte) psychische Probleme und Krankheiten.[14]

Es ist offensichtlich: Wir als Gesellschaft können toxische Männlichkeit nicht weiter ignorieren, sondern müssen den Dialog suchen, um sie zu identifizieren und letztlich abzuschaffen.

LEIDTRAGENDE MÄNNER IM TOXISCHEN UMFELD

Dass die Opfer der toxischen Sozialisierung nicht nur Frauen sind, sollte inzwischen deutlich geworden sein. Doch wie zeigt es sich im Alltag, dass besonders Männer mit einer gesünderen Einstellung weniger unter dem Einfluss leiden? So habe ich mit diversen Männern, die ich ohne jeden Zweifel als »nicht-toxische Männer« oder als leidtragende Männer bezeichnen würde, gesprochen. Diese Bezeichnung ist von ihren nicht selbst auferlegt, sondern entspricht meiner Einschätzung und meinen Beobachtungen. Sie erzählten mir von ihren Erfahrungen als Mann unter Männern, die Druck ausüben, unangebrachtes Verhalten an den Tag legen und eine entsprechende Erwartungshaltung auch allen anderen gegenüber haben.

So erzählte mir Sven, ein schwuler Mann, der sowohl geoutet ist als auch offen in einer festen Partnerschaft mit einem Mann lebt, dass er sich bei Abendessen im beruflichen Kontext schon mehrfach so unangenehm berührt gefühlt hatte, dass er inzwischen Ausreden erfand, um nicht teilnehmen zu müssen, wenn bestimmte Personen zugesagt hatten. Er schilderte weiter, dass er mehrfach schon in Restaurants saß, um dort mit Kollegen den Abschluss eines Workshops zu feiern oder offene Themen zu besprechen, sich dabei aber aufgrund der Ausdrucksweise und des Verhaltens einiger Kollegen und Vorgesetzten eine Dynamik entwickelte, die ihn anwiderte.

Die Kellnerin wurde sexualisiert, es fielen Sprüche wie »Die könnte mir das Essen auch auf ihrem nackten Körper servieren« und »Für ein extradickes Trinkgeld könnte sie ruhig mal etwas mehr Ausschnitt zeigen«. Auch Sven wurde direkt angesprochen, so hatte einer der Kollegen ihn gefragt, ob er nicht für »so ein Gerät« eine Ausnahme machen und heterosexuell werden würde. »Die könnte sogar den schwulsten Mann umpolen« hielt man für eine angebrachte Aussage – und ich weiß gar nicht, wo man anfangen soll, diese Aussage verwerflich zu finden, weil sie auf so vielen Ebenen herablassend und abstoßend ist.

Raphael, ein weiterer leidtragender Mann, erzählte mir die Geschichte, die ihn zur Kündigung bewegte. Sein Manager Emil war gut in dem, was er tat, und gab sich mit den wichtigen Figuren im Unternehmen ab, sodass er schnell die Karriereleiter hinaufstieg sowie leitende Rollen und große

Verantwortungsbereiche zugeteilt bekam. Emil stellte mit Vorliebe junge, blonde Frauen ein, die zum Großteil ihr Studium in Theologie, Philosophie oder Literaturgeschichte absolviert hatten – Studiengänge, die nichts mit dem Unternehmen oder dem auszuübenden Beruf zu tun hatten. Ein gut bezahlter Job in der freien Wirtschaft war nicht selbstverständlich für diese Frauen, weshalb sie Emil gegenüber dankbar und loyal waren, seine Grenzüberschreitungen hinnahmen, da diese das kleinere Übel waren, verglichen mit den alternativen Karrieren, die sich ihnen boten – zumindest redete Emil ihnen das erfolgreich ein: »Mit deinem Studium könntest du sonst nur Taxifahrerin werden«, lautete einer der regelmäßigen Sprüche, die sicherstellen sollten, dass die jungen Frauen ihm hörig waren.

Raphael beobachtete das Verhalten kritisch und sprach Emil auch darauf an. Dieser versicherte ihm aber nur, dass er ausschließlich die besten Intentionen habe und den »Mädels« nur eine Zukunft bieten wolle. Der Arbeitsmarkt sei schließlich hart umkämpft und er sehe es als seine Verantwortung an, »solchen Mädels auch eine Chance zu geben«. Die Chance, von der Emil sprach, würde ich nicht als solche bezeichnen, und Raphael tat es ebenfalls nicht. Denn sie bestand aus sexueller Belästigung, Nötigung und unangebrachten Nachrichten auf den Firmenhandys der Frauen – gegen Ende der Geschichte sogar mit anzüglichen, expliziten Bildern.

Eskaliert ist die Situation letztlich, als Emil auf einer Dienstreise die mitgereisten Frauen dazu überredete, mit ihm (und Champagner) den Abend im Wellnessbereich des Hotels zu verbringen. Zwei Frauen verweigerten, doch die restlichen Frauen erschienen – laut Raphael fühlten sie sich unter Druck gesetzt und fürchteten Konsequenzen für ihre berufliche Karriere. Hier war ein Punkt erreicht, an dem Raphael nicht mehr wegschauen konnte, daher sprach er das Verhalten erneut an und stellte Emil zur Rede. Er erklärte ihm, dass im beruflichen Kontext eine solche Abendaktivität nichts zu suchen habe und er sich unwohl dabei fühle, da er wusste, dass die Frauen aus Verunsicherung und Angst teilnahmen.

Emil erwiderte jedoch nur, er solle sich entspannen, es würde schließlich nichts passieren, er dürfe ja wohl noch schauen – wofür hätte Gott ihm sonst Augen gegeben. Zudem setzte er Raphael danach unter Druck, indem er deutlich machte, dass Raphael ja nun selbst anwesend sei, und es zu seinem Job gehöre, Erfolge zu feiern. Wenn er nicht auftauche, würde das eine Nachricht senden – es wäre außerdem ganz klar, dass er seine Karriere nicht ernst nehme und kein Interesse daran hätte, aufzusteigen. Das sei nun mal »Teil des Spieles« und derjenige, der erfolgreich sein wolle, müsse mitspielen.

Das Ende der Geschichte kann ich leider nicht wiedergeben, da es die Anonymität der Beteiligten gefährden würde.

Raphaels Situation war ohne Frage außerordentlich schwierig, und sie verdeutlicht den Druck, der auf Männern lastet, die nicht so agieren wollen, wie es von ihrem Umfeld vorgelebt wird. Spielen sie nicht nach den Regeln des Systems, werden sie ausgegrenzt, unter Druck gesetzt und schaden ihrer Karriere. Doch dies sollte nicht die einzige Geschichte bleiben, die mir zu diesem Thema erzählt wurde.

Finns Geschichte ließ mich ebenfalls staunen. Er arbeitet in einem kleinen Familienunternehmen und ist dort mehr oder weniger für alles zuständig – ich könnte jedenfalls nach dem Gespräch mit ihm nichts nennen, was er nicht zumindest mitbetreut: Vom Einkauf über Kundengespräche bis hin zu Einsatzplanung und Gehaltsabrechnungen scheint Finn den Job mehrerer zu machen. Er ist damit aber nicht unglücklich, denn er mag seinen Job und seine Kolleg:innen. Was allerdings problematisch ist, ist sein Vorgesetzter Albert und sein Verständnis dessen, was im Arbeitskontext angebracht ist.

Albert hat schon während der Schulzeit in der Firma seines Vaters gearbeitet, somit war immer klar, dass er den Betrieb einmal übernehmen würde. Mit Finns Einstellung lag er goldrichtig, denn plötzlich liefen Prozesse rund, die vorher nicht einmal Beachtung fanden. Er sah in Finn einen Mitarbeiter, der Probleme jeglicher Art lösen konnte, dachte dabei aber nicht darüber nach, dass es für ihn als Vorgesetzten auch Grenzen zu beachten gibt.

So rief Albert Finn eines nachmittags in sein Büro und bat ihn, die Tür zu schließen. Er hätte eine Frage und sei sich sicher, dass Finn ihm helfen könne. Mit seiner Ehefrau liefe es im Bett nicht so richtig, und sie könne mit seinen Vorlieben, die Albert gerne ausleben würde, nichts anfangen. Konkret bat er Finn um Hilfe dabei, seine Frau umzustimmen. Er sei doch so überzeugend und wenn er nur einmal mit ihr sprechen würde, überlegte sie es sich ganz bestimmt anders. Finn war völlig sprachlos und antwortete nicht. Albert nahm das anscheinend als Zustimmung und gab Finn die Telefonnummer seiner

Frau. Er möge sie doch anrufen, am besten gleich am selben Tag. Dann verließ Albert das Büro und ließ Finn mit seiner Verwunderung zurück. Jedoch fragte Albert noch am selben Tag mehrfach nach, ob Finn sie denn schon angerufen hätte. Dieser verneinte und ging nach Dienstschluss verdutzt nach Hause.

Am nächsten Tag sollte das Thema aber nicht verschwunden sein. Direkt nach seiner Ankunft zog Albert Finn zur Seite und frage ihn, ob er sie nun schon angerufen habe. Dieser verneinte wieder, woraufhin wenige Minuten später Finns Telefon klingelte. Albert hatte seine Frau angerufen und ihr gesagt, dass Finn etwas mit ihr besprechen wollte, und hatte sie schlichtweg zu ihm durchgestellt. Finn war sprachlos, Alberts Frau aber anscheinend nicht. Durch das Telefon hörbar rollte sie mit den Augen und fragte genervt: »Geht es um unser Sexleben?«

Wäre es nicht so traurig und erschreckend, wäre ihre Reaktion fast lustig. Es wurde aber in jedem Fall deutlich, dass Finn nicht der Erste war, den Albert auf seine Frau angesetzt hatte. Unter Männern fand er es offensichtlich völlig in Ordnung, nicht nur zu verlangen, dass ein Mitarbeiter mit seiner Frau über Sex sprach, sondern schämte sich auch nicht im Ansatz dafür, dass er eine Grenze seiner Frau überschreiten wollte – im Gegenteil, er ging damit hausieren.

Versetzen wir uns jedoch in Finn hinein, spüren wir den unendlichen Druck, den Albert in dieser Situation auf ihn ausübt. Dadurch, dass er ihm vermittelt, dass sie hier auf derselben Seite stünden und als Männer zusammenhalten müssten, entsteht eine Erwartungshaltung, die schon im Privaten nicht in Ordnung ist, aber im beruflichen Kontext überhaupt nichts zu suchen hat. In seiner Rolle als Mitarbeiter steht Finn vor dem Dilemma, dass er einerseits das Verhalten Alberts resolut verurteilt und nichts damit zu tun haben will, aber auf der anderen Seite seinen Job nicht aufs Spiel setzen möchte. Könnte er nach wie vor die gleichen Vorzüge und Leistungen genießen, wenn er Alberts Anliegen ablehnte? Man kann es nicht mit Sicherheit sagen. So, wie wir Albert in dieser Geschichte kennengelernt haben, liegt zumindest der Verdacht nahe, dass er kein faires und professionelles Verhalten an den Tag legen würde, wenn er ein »Nein« zu hören bekäme.

In einer idealen Welt können alle die Hand heben und laut sein, die Ungerechtigkeiten beobachten. So ideal ist unsere Welt aber nun mal nicht.

Menschen sind abhängig von ihrem Beruf und ihrem Einkommen, könnten gegebenenfalls nicht umgehend eine neue Stelle finden oder müssten ihren Lebensmittelpunkt verlegen, was durch zu pflegende Angehörige oder schulpflichtige Kinder de facto oftmals problematisch und nicht umsetzbar ist. Finn ist, wie vermutlich der Großteil der Bevölkerung, abhängig von seinem Job, daher lastet ein immenser Druck auf ihm, wenn sein Vorgesetzter ihn in solche Situationen bringt. In diesem Fall hat Alberts Frau die Situation für ihn gelöst, doch man kann davon ausgehen, dass es nicht die erste und auch nicht die letzte massive Grenzüberschreitung gewesen sein wird, denn offensichtlich hat Albert so gar kein Gespür für Angemessenheit.

Ein trauriger Nebeneffekt des toxischen Verhaltens einiger weniger ist das Abfärben auf die breite Masse und das daraus resultierende Misstrauen. Zu Zeiten der #MeToo-Bewegung und regelmäßig im Zusammenhang mit anderen Skandalen im Bereich sexueller Übergriffe und Machtmissbrauch taucht das Hashtag #notallmen auf, also »Nicht alle Männer«. Er soll verdeutlichen, dass es sich nicht um ein Problem handelt, das alle Männer, sondern nur eine bestimmte Anzahl betrifft.

Prinzipiell mag das auch stimmen. Denn natürlich sind Vorverurteilungen und Generalverdacht schlimm, und jede:r sollte eine faire Chance bekommen. Allerdings ist das Thema viel komplexer, als es auf den ersten Blick scheint. Dass es »not all men« sind, sollte uns allen bewusst sein. Allerdings dürfte ebenso klar sein, dass sexuelle Übergriffe des in diesem Sinne problematischen Teils der Männer allgemein der Gesellschaft schadet. Eine Frau fasste es in einem Gespräch schön zusammen: Wenn von drei M&Ms in einer Schüssel eines giftig ist, wird man wohl keines essen, auch wenn es »not all M&Ms« sind.

Dass Vorsicht im Umgang mit toxischen Männern geboten ist, ist selbstverständlich. Dass nicht jeder Mann toxisch ist, ebenfalls. Und dass die Auswirkungen von toxischer Männlichkeit ebenso bei Frauen auftreten können, ist ebenfalls nichts Neues. Doch wie schaffen wir es, eine Gefahr zu verbannen, ohne den gesamten Anteil der Gesellschaft vorzuverurteilen?

Im Internet kursieren diverse Videos von nicht-toxischen Männern (oder zumindest von solchen, die sich als nicht-toxisch präsentieren, was ich aber nicht beurteilen kann, weil ich sie nicht persönlich kennengelernt habe), in denen scherzhaft gezeigt wird, was diese Männer tun, um von Frauen nicht als Gefahr wahrgenommen zu werden. In den Videos wird eine Situation nachgestellt, in denen meist bei Dunkelheit ein Mann einer Frau auf dem Bürgersteig begegnet und darum bemüht ist, ihr zu vermitteln, dass von ihm keine Gefahr ausgehe.

Die Männer in den Videos spielen gut hörbare Musik von weiblichen Popsängerinnen auf ihren Kopfhörern oder sagen im Vorbeigehen Sätze wie »Ich gehe regelmäßig zur Pediküre« oder »Meine Pronomen stehen in meiner E-Mail-Signatur«. Ein Trend, der zunächst lustig erscheint und auch gut gemeint ist, der aber einen faden Beigeschmack hinterlässt.

Denn in einer idealen Welt wäre dies gar nicht nötig. Da praktisch jede Frau von beängstigenden Erlebnissen berichten kann, die ganz klar die Auswirkungen von toxischer Männlichkeit zeigen, baut sich ein Misstrauen auf, das es notwendig macht, dass nicht-toxische Männer sich von solchen Handlungen und Meinungen distanzieren.

Durch die vielen publiken Fälle sowie individuellen Erfahrungen und Geschichten aus Freundes- und Familienkreisen wundert man sich nicht, wenn der nächste Übergriff, die nächste Belästigung oder der nächste Machtmissbrauch passiert. Es ist leider gang und gäbe, dass jemand schildert, in einer solchen Situation gewesen zu sein.

Per se ist das erst einmal richtig – Opferschutz muss an erster Stelle stehen, und dass Opfern geglaubt wird, ist wichtig und muss die Grundlage für alles Weitere sein. Viel zu oft sehen wir zudem noch – besonders öffentliche – Fälle, bei denen die Aussagen der Opfer infrage gestellt werden. Sei es, weil es sich bei den Tätern um berühmte Personen handelt, die man gegebenenfalls idealisiert, oder weil es eine mächtige Person betrifft, die Geld und Einfluss nutzt, um die Opfer zu diskreditieren. Dass das nicht passieren darf und hochgradig verwerflich ist, steht außer Frage. Dennoch existieren auch falsche Anschuldigungen. Ich möchte jedoch hervorheben, dass die Anzahl der nachweislichen Falschanschuldigungen verschwindend gering ist. Einige Fälle werden vor Gericht aufgrund einer unzureichenden Beweislage fallengelassen, dennoch sind falsche Anschuldigungen eine Ausnahme. Zu beachten ist allerdings, dass in diesen wenigen Fällen ebenfalls den vermeintlichen Opfern zunächst geglaubt wird, was im Rahmen des Opferschutzes notwendig ist.

Dadurch, dass die Wahrscheinlichkeit, ein Opfer von toxischer Männlichkeit, Missbrauch, Übergriffen etc. zu werden, so hoch ist, öffnen sich Möglichkeiten für bösartige, manipulative Menschen, dies auszunutzen. Das bedeutet konkret, dass Anschuldigungen gemacht werden können, die so nicht korrekt sind, jedoch durch die Masse an Übergriffen glaubwürdig erscheinen. Dies ist kein Phänomen, welches es begründen würde, Opfern nicht zu glauben – besonders, da es sich wie schon erwähnt um eine verschwindend geringe Anzahl der Anschuldigungen handelt. Eine europaweite Studie fand heraus, dass nur circa 3 Prozent der Anschuldigungen bei sexuellen Übergriffen falsch sind.[15]

Man hört besonders in den USA immer wieder Aussagen von Männern, dass sie nicht mit einer Frau allein im Aufzug fahren möchten, aus Angst davor, Opfer einer Falschaussage zu werden. Dass dies sicherlich überspitzt ist, belegt die obige Zahl. Dennoch verdeutlicht das Ganze erneut: Männer, die kein toxisches Verhalten an den Tag legen, sind Opfer derer, die es tun, da sie die Konsequenzen mittragen.

Der Fall von Marlo zeigt das deutlich. Er war für ein Unternehmen in einem Labor tätig und unter anderem für die Betreuung der Praktikant:innen zuständig. Konstanze war noch im Studium und wurde Marlo zugeordnet. Sie war hübsch und intelligent, viele Männer waren daher an ihr interessiert. Nach wenigen Wochen in dem Labor fühlte sie sich offensichtlich zu Marlo hingezogen und machte ihm Avancen. Marlo sprach mit ihr und teilte ihr mit, dass er kein Interesse an einer sexuellen oder romantischen Beziehung mit ihr habe – er sei ihr Vorgesetzter und das sei das einzige Verhältnis, welches er mit ihr haben würde. Konstanze konnte diese Zurückweisung offensichtlich nicht ertragen.

Was dann passierte, ist vermutlich der Alptraum vieler Männer: Konstanze beschwerte sich bei Marlos Vorgesetztem und erfand laut ihm eine Situation, in der er sie sexuell belästigt habe. Der Vorgesetzte kannte Marlo äußerst gut und lange, außerdem gab es diverse Mitarbeitende, die bezeugen konnten, dass Konstanze ihm offensichtlich zugewandt war, er ihre Bemühungen aber nicht erwiderte. Der Vorgesetzte teilte Marlo mit, dass er sich sicher sei, dass die Vorwürfe haltlos seien, er sich aber dennoch gezwungen sehe, Marlo zu entlassen, da bei solchen Anschuldigungen die Gefahr bestünde, dass Konstanze rechtliche Schritte einleiten und das Unternehmen Schaden nehmen würde. Marlo verlor seinen Job – weil er nicht auf Konstanzes Annäherungsversuche eingegangen war.

Diese Geschichte verdeutlicht, dass toxische Männlichkeit kein Konstrukt ist, das die Geschlechter gegeneinander aufspielt, sondern vielmehr toxische Menschen gegen nicht-toxische Menschen. Marlo und viele weitere Männer, denen ein solches Verhalten, wie wir es aus den Boys' Clubs kennen, fern liegt, leiden unter den Auswirkungen jener Menschen, die ein Umfeld schaffen, in dem es leider sehr glaubhaft ist, dass jemand belästigt wird – da es tagtäglich passiert und beinahe jede:r schon einmal Opfer oder zumindest Zeug:in wurde.

Versteht mich nicht falsch. Ich sage nicht, dass man wegen Marlos Geschichte jetzt keiner Frau mehr glauben sollte, die sagt, sie sei belästigt worden. Die Daten zeigen, dass sie mit hoher Wahrscheinlichkeit die Wahrheit sagt.

Aber es gibt eben auch die Kehrseite der Medaille, und Menschen wird zu Unrecht schreckliches Verhalten unterstellt.

Die Aussage ist klar: **Toxisches Verhalten schadet allen, die nicht toxisch sind.** Sei es die Frau, die belästigt wird, oder der Mann, dem von einem anderen Menschen fälschlicherweise ein solches Verhalten unterstellt wird. Selbstverständlich sind solche Vorkommnisse nicht auf den Mann beschränkt, der die Frau (potenziell) belästigt, sondern in jeder denkbaren Konstellation möglich und sicherlich auch schon eingetreten. In den Unternehmen Deutschlands tummeln sich Menschen, die es leider zur Norm machen, dass toxisches Verhalten an den Tag gelegt wird und alle in Hab-Acht-Stellung sein müssen, unabhängig ihres Geschlechts.

Der Begriff der toxischen Männlichkeit ist irreführend, da man annehmen könnte, dass nur Männer toxisch sein können, dass alle Männer ein solches Verhalten an den Tag legten, und dass Frauen die Leidtragenden seien. Doch die Wahrheit sieht anders aus: Toxische Männlichkeit zeigt sich bei allen Geschlechtern, auf allen Ebenen und in allen Farben und Formen. Konstanze ist ein gutes Beispiel dafür, dass es sich bei toxischer Männlichkeit um ein Sozialisierungsphänomen handelt, und auch Frauen nicht nur leidtragend, sondern auch Täterinnen sein können.

DER BOYS' CLUB

Viel zitiert, selten konkret definiert und doch allgemein gefürchtet: Vielen Unternehmen wird nachgesagt, dass ein »Boys' Club« alle Macht habe und alle Entscheidungen treffe. Doch was ist dieser »Boys' Club«, wie entsteht er und was für Auswirkungen hat seine Existenz auf Unternehmen und Mitarbeitende?

Ein »Boys' Club« ist ein Ausdruck, der verwendet wird, um eine soziale, berufliche oder institutionelle Gruppe zu beschreiben, die exklusiv und deren Zusammensetzung hauptsächlich männlich ist. Es wird sich oft darauf bezogen, dass Männer dominieren und Frauen von Macht-, Einfluss- und Entscheidungspositionen ausschließen. Dies kann sich auf verschiedene Weise äußern, wie Einstellungs- und Beförderungspraktiken, welche Männer bevorzugen, ein Arbeitsumfeld, das Frauen nicht willkommen, bis hin zu feindlich gegenübersteht, oder eine mangelnde Repräsentation von Frauen in Führungs- und Entscheidungspositionen. Der Begriff »Boys' Club« wird verwendet, um die systemischen Barrieren hervorzuheben, die Frauen daran hindern, in bestimmten Bereichen oder Branchen voranzukommen, und mehr Vielfalt und Inklusion zu fordern. Es geht um Macht, Allianzen und Politik. Toxische Männlichkeit kann demnach in einem solchen Boys' Club nicht nur leicht bestehen, sondern aufblühen.

Toxische Männer gründen solche Boys' Clubs, um ihre Macht und ihren Status innerhalb einer sozialen Gruppe oder Organisation zu stärken und zu erhalten. In diesem Umfeld können sich toxische Männer auf eine Art und Weise verhalten, die missbräuchlich, diskriminierend oder schädlich für andere ist, während sie gleichzeitig sich selbst und andere Mitglieder des Clubs vor Kritik und Verantwortlichkeit schützen.

Toxische Männer oder auch ethnisch homogene Gruppen können ihre Privilegien aufrechterhalten, indem sie Frauen und Menschen mit anderen Geschlechtsidentitäten oder anderen Hintergründen ausschließen. Sexistisches oder diskriminierendes Verhalten in Form von unangemessenen Bemerkungen, vulgärer Sprache oder beleidigenden Witzen sind hier häufig verstärkt zu beobachten. Doch das ist erst der Anfang.

Im Boys' Club wird sich gegenseitig vor Konsequenzen für Handlungen geschützt, indem Fehlverhalten entweder geleugnet oder die Schuld auf andere abgewälzt wird. Dies ist die einfachste Weise, toxisches Verhalten aufrechtzuerhalten, da sich die Mitglieder ermächtigt fühlen, ohne Angst vor Vergeltung oder Konsequenzen zu handeln. Es geht um Machtdynamiken, und darum, die Kontrolle über Ressourcen, Entscheidungsprozesse und andere Schlüsselbereiche der Macht innerhalb der Organisation zu festigen. Gegebenenfalls aufkommende Bemühungen zur Schaffung eines integrativeren und gerechteren Umfelds werden identifiziert und sofort unterbunden.

Die Motivation dahinter ist einfach zu entlarven: Der Wunsch nach Macht und Kontrolle, der Widerstand gegen Veränderungen, die sich negativ auf die eigene Position auswirken könnten, gemeinsame Interessen und Wertvorstellungen sowie ein fehlendes Verständnis für Rechenschaftspflicht und Verantwortung führen dazu, dass ein Umfeld geschaffen wird, in dem sich toxische Männer ermächtigt fühlen, schädliches Verhalten an den Tag zu legen.

Oft beobachtet man die Versuche, solche Boys' Clubs zu verschleiern. Durch Leugnungen der Existenz solcher Gruppierungen und ein Abtun als harmloses Geplänkel, durch Verlegungen der Treffen und Absprachen in einen unzugänglichen Raum, durch Darstellungen der Vorwürfe um die Existenz eines solchen Clubs als verrückt oder paranoid, oder auch durch Verharmlosung des Einflusses oder Einschüchterung der Kritiker:innen wird der Boys' Club geschützt und aufrechterhalten.

Weit verbreitet ist es im Rahmen dieser Verschleierung, bewusst und selektiv Frauen einzustellen, um einen Schein zu wahren, diese aber entweder in Rollen zu setzen, die weder Verantwortung noch Strahlkraft haben, oder sie alternativ als Gallionsfiguren zu platzieren, die dann jedoch nur Anweisungen befolgen sollen, also als Marionetten benutzt und damit bewusst in ihrer Kompetenz und Wirkung beschnitten werden. Weiterhin gibt es das Phänomen der Gläsernen Klippe, welche symbolisch für eine Rolle steht, die mit einer Frau oder einer anderen Person besetzt wird, die nicht der restlichen Führungsriege entspricht. Diese Position ist bereits zu Beginn zum Scheitern verurteilt und der Job kann nicht erfolgreich erfüllt werden, da er schon vorher gegen die Wand gefahren wurde. Und so stößt man die neuen Rolleninhaber:innen von der gläsernen Klippe.

Wie auf diese Weise getrickst wird, kann man in vermutlich fast jedem Unternehmen beobachten: So findet man Leitende Angestellte, die eine

Frauenquote bei ihren Mitarbeitenden erfüllen müssen – teilweise sogar mit Auswirkungen auf den Bonus jener Führungskraft –, was dann häufig dazu führt, dass Rollen in Bereichen wie interne Kommunikation künstlich auf dem benötigten Level geschaffen werden, die von Frauen besetzt werden, um die Quote zu heben. Hierbei wird nicht nur die Quote verwässert, sondern es entsteht gleichzeitig der Eindruck, dass Bereiche wie Kommunikation oder Marketing weniger wert und leicht auszufüllen seien. Praktisch, denn so kann man die gut bezahlten Rollen mit großen zu leitenden Teams und viel Verantwortung weiterhin an die Komplizen aus dem Boys' Club geben.

Sollte aber doch mal ein gesellschaftlicher Wandel stattfinden und ein ursprünglich viel von Männern ausgeübter Beruf nun hauptsächlich von Frauen besetzt sein, wird einfach das Gehaltssystem angepasst – so wie in Russland im Bereich der Ärzte und Ärztinnen geschehen.[16]

Andererseits gibt es natürlich Frauen in einflussreichen Positionen, in denen viel bewegt werden kann. Leider ist auch hier häufig zu beobachten, dass die Platzierung der Frau in dieser Position nicht immer passiert, damit sie ihre Wirkung als Führungskraft voll entfaltet und ihre Fähigkeiten einbringt.

So ist eine Frau, mit der ich sprach, ich nenne sie hier Emilia, eine Koryphäe in ihrem Gebiet. Sie wurde von einem Unternehmen angeworben, das mit großen Versprechen kam: ein herausragendes Gehaltspaket, die Ressourcen, um die Welt zu verändern, ein Umfeld, das nicht nur offen für Veränderung ist, sondern sich danach sehnt. Alles klang gut, und so beschloss sie, das Angebot anzunehmen. Emilia trat ihre Stelle wenige Monate vor dem Startdatum einer weiteren Führungskraft an, die ebenfalls vom externen Markt kam, und um die sich ähnlich bemüht worden war: Joshua war in der Branche bekannt, übernahm eine Organisation, die in den letzten Jahren stark gelitten und einige gescheiterte Führungskräfte gesehen hatte, und war mit seiner Erfahrung, aber auch seiner ruhigen, empathischen und strukturierten Art genau das, was das Unternehmen an dieser Stelle brauchte.

Emilia und Joshua waren divers in Bezug auf sowohl ihre Herkunft als auch ihr Denken. Sie waren die Art Führungskräfte, die sowohl fachlich als auch menschlich die so notwendigen Veränderungen bringen könnten. Unternehmerisch waren die Entscheidungen zur Einstellung dieser beiden Führungskräfte also goldrichtig. Was allerdings folgte, sollte die gravierenden Folgen des Boys' Club plakativ zeigen: Nachdem Emilia und Joshua im Unternehmen angekommen waren, berichteten sie an Matthias, der in der Hierarchie hoch und im Unternehmen angesehen war.

Mit der Berichtslinie an ihn ging Strahlkraft einher, die Erfolg und Durchsetzungskraft versprach. Nach wenigen Monaten jedoch wurde kommuniziert, dass eine Zwischenebene eingezogen werden würde. Dass diese geplante Zwischenebene zu Verwunderung führte, da sie keine Notwendigkeit mit sich brachte, hielt nur so lange an, bis der neue Leader, an den die beiden und weitere Führungskräfte künftig berichten würden, bekannt gegeben wurde. Es war David, einer von Matthias' Golffreunden.

David war jung, unerfahren, arrogant, überheblich und ihm fehlte jegliches Verständnis für die Wichtigkeit von Emilias und Joshuas Missionen. David verstand nicht nur die Themen der Teams nicht, ihm fehlte auch jegliches Interesse. Sein Fokus lag auf der Selbstvermarktung und der Durchsetzung der Interessen des Boys' Clubs. Schnell hatte dies nicht nur zur Folge, dass Emilia und Joshua sowie ihre Missionen darunter litten, sondern dass auch die Mittel, die sie für die geplanten und notwendigen Veränderungen hatten, nicht mehr zur Verfügung standen. Budgets wurden allokiert und für Themen eingesetzt, die David mehr Prestige einbrachten, Berichtslinien von Teammitgliedern wurden geändert und der Draht zu den Entscheidungsträger:innen wurde gekappt, da David weder für Emilias und Joshuas Themen einstand noch zuließ, dass sie sich selbst platzierten.

Wie kommt es also dazu, dass solche gravierenden und folgenschweren Entscheidungen getroffen werden, aber doch niemand die Entscheidungsträger:innen aufhält? Wir sehen hier ein klassisches Vorgehen des Boys' Club, welches massive Folgen hat und vor allem haben wird. Der Profiteur des Clubs, in diesem Falle David, ist gut vernetzt und steht in der Gunst der wichtigen Männer mit Entscheidungskompetenzen. Sollte er also um eine Rolle in einem Bereich bitten, stehen die Chancen gut, dass er diese auch bekommt. Ob darunter die Organisation selbst, die direkten Führungskräfte oder die gemeinsame Vision leiden, ist hier irrelevant, denn es hat Priorität, den Boys' Club zu schützen und die Mitglieder zu fördern.

In diesem Fall war die Entscheidung, zwei herausragende Leader einem Mann des Boys' Club zu unterstellen, nicht nur riskant, sondern schlichtweg dumm. Anstatt zwei herausragende Führungskräfte zu entwickeln und die Organisation dadurch so aufzustellen, dass sie ihre Ziele erreicht und von einer gesunden, positiven Führungskultur profitiert, wählte man den Golffreund. Ich bin mir sicher, dass wir, wenn wir in wenigen Monaten erneut auf die Organisation blicken, zwei Vorbilder weniger sehen werden.

Wie bereits erwähnt ist auch der Schutz, den die Boys' Club-Mitglieder sich gegenseitig gewähren, einzigartig. Sollte jemandem etwas vorgeworfen werden, wird er von den anderen verteidigt. Wie ausgeprägt dieser gegenseitige Schutz ist, zeigt die nächste Geschichte.

Die meisten großen Unternehmen haben ein Team oder eine Abteilung, die sich dem Thema Compliance widmen. Hier geht es darum, ein regelgerechtes, ethisch korrektes Verhalten im Unternehmen sicherzustellen. Dieses Team kümmert sich um Meldungen zu Regelverstößen sowie die dazugehörigen Nachforschungen und Konsequenzen.

So war Amanda in diversen Förderungsprogrammen bekannt dafür, dass sie empathisch und stark führte, dass sie auch die komplexesten und brisantesten Themen schnell und erfolgreich umsetzte. Ihr wurde die Stelle als Managerin des Compliance-Teams angeboten und sie freute sich über die Herausforderung, die sie motiviert annahm. Nach kurzer Zeit stellte sie jedoch ernüchtert fest, dass der Job anders war als ursprünglich gedacht.

Nachdem die Meldungen zu Verstößen bei ihrem Team eingingen, stellten sie die entsprechenden Nachforschungen an – so weit, so gut. Die Ergebnisse dieser Nachforschungen wurden allerdings nicht von ihr bewertet, so wie ursprünglich gedacht und wie es auch sinnig wäre, sondern einer anderen Instanz vorgelegt, wo dann entschieden wurde, ob und, falls ja, wie der Verstoß geahndet werden würde. Als ob dies noch nicht absurd genug wäre, da die Kompetenzen ja bei ihr und ihrem Team lagen, stellte sich heraus, dass Meldungen zu bestimmten Personen (wie Vorständen und anderen Mitgliedern des Boys' Clubs) nicht verfolgt werden durften. Sie wurde angewiesen, sich keine Mühe zu machen, da solche Fälle ohnehin fallen gelassen würden.

Nach diesen Erlebnissen und der traurigen Erkenntnis, dass es sich hier um ein Muster handelte, verließ Amanda die Stelle. Dass unter solchen Bedingungen der Zweck eines Compliance-Teams verloren geht, ist offensichtlich. Ironischerweise wäre dies ein Fall für die Compliance-Abteilung aber ... na ja, du weißt schon.

Olivers ist ein weiterer Fall, der die Brisanz des Boys' Clubs verdeutlicht. Er war ein Nachwuchstalent, das seit seinem Studium mit Josef, dem Vorstandsmitglied eines Unternehmens, stark verbunden war. Sie besuchten dieselben Seminare, Josef hielt Vorlesungen an Olivers Universität und Oliver hing an seinen Lippen. Schnell entwickelte sich eine Männerfreundschaft, die neben Golfturnieren und Whiskeyabenden auch eine Studentenstelle in dem Unternehmen hervorbrachte, in dem Josef im Vorstand saß.

Oliver bekam im Anschluss an seinen Studienabschluss eine Festanstellung in eben jenem Unternehmen angeboten, und danach nahm seine Karriere ihren Lauf. Schnell stellte Josef ihn in den Kreisen vor, die die strategischen Entscheidungen für das Unternehmen trafen, und nach einigen weiteren Runden Golf und Abenden in den privaten Häusern der Vorstände konnte sich Oliver eine Position sichern, die direkt an einen dieser Vorstände berichtete.

Bis hierhin stand der Plan – wären da nicht die zahlreichen Beschwerden wegen sexueller Belästigung und sogar Übergriffe, die diverse Frauen aus Olivers näherem Arbeitsumfeld der Personalabteilung meldeten, gewesen. Nach einigen vergeblichen Versuchen, ihm etwas nachzuweisen, wurde Oliver unvorsichtig, und so versendete er diverse eindeutige Nachrichten über Firmengeräte. Man konnte ihm also nach einigen Wochen Recherche und Gesprächen mit Betroffenen nachweisen, dass er nicht nur gegen die firmeninternen Auflagen verstoßen, sondern sich sogar strafbar gemacht hatte.

Schnell war klar, dass man Josef einbinden musste. Er hatte als Vorstandsmitglied viel Macht im Unternehmen, und würde nicht erfreut über die Nachricht sein. War er auch nicht. Josef bekam einen seiner berüchtigten Tobsuchtsanfälle und beauftragte die Personalabteilung damit, rechtliche Schlupflöcher zu finden. Die Verantwortliche in der Personalabteilung stellte sich aber quer – was nicht selbstverständlich ist und ein hohes Risiko für sie selbst mit sich brachte. Sie weigerte sich, den Fall so zu drehen, dass die Straftaten abgemildert würden, und zog einen Juristen hinzu, um dies aktiv zu verhindern. Josef musste sich geschlagen geben und verstand wohl, was auf dem Spiel stand. Der Boys' Club kann viel vertuschen, aber selbst hier gibt es Grenzen, wenn genug Personen Wind davon bekommen – ein Hoffnungsschimmer.

Man weiß gar nicht, was man irritierender finden soll: dass Oliver anstelle einer Strafanzeige eine Abfindung bekam, die seine Wunden heilen sollte, und dass versucht wurde, sein Verhalten unter den Teppich zu kehren, oder dass weder Josef noch Oliver ein Statement gegenüber den Betroffenen seiner Übergriffe abgaben, geschweige denn eine Entschuldigung.

Ein anderes plakatives Beispiel, das die Macht des Boys' Club demonstriert ist Moritz' Geschichte. Er war ein durchschnittlicher Mitarbeiter in einem Konzern, in dem Hagen im Aufsichtsrat saß. Seine Position ausnutzend fällte Hagen diverse Einstellungsentscheidungen, und so kam es, dass eine große Anzahl seiner Tennisfreunde sowie Freunde der Familie unbefristete Arbeitsverträge für Stellen bekamen, deren Anforderungen sie nicht entsprachen. Es handelte sich zu großen Teilen um Menschen, die vorher erfolglos einen Job gesucht hatten, bisher nicht durch Leistung herausragten und nun von Hagen untergebracht wurden. Entsprechend hatten die Teams, die einen solchen »Tenniskumpel« zugeteilt bekamen, ein Problem: Die neuen Kollegen arbeiteten meist wenig bis gar nicht, was die Belastung und das Arbeitsvolumen der anderen Teammitglieder ansteigen ließ, da sie die Untätigkeit auffangen und ausgleichen mussten.

In der Regel waren die Tennisfreunde harmlos und verhielten sich zumindest still und unauffällig. Doch einem von ihnen, besagtem Moritz, war sein sportlicher Erfolg zu Kopf gestiegen und er hielt sich für dermaßen unantastbar, dass er gegen diverse Vorschriften und Pflichten aus dem Arbeitsvertrag verstieß. Er erschien spät oder gar nicht zur Arbeit, lachte über Arbeitsaufträge und machte kein Geheimnis daraus, dass man von ihm keine Arbeit erwarten könne, er zudem keine Sekunde zögern würde, sich bei Hagen zu beschweren.

Nachdem dieses Verhalten eine Weile notgedrungen geduldet worden war, überschritt er allerdings eine weitere Grenze: Er belästigte nachweislich eine Kollegin im Team sexuell. Details zu dem Vorfall kann ich leider nicht erzählen, um die entsprechende Frau zu schützen, jedoch so viel: Es handelte sich um eine Straftat.

An dieser Stelle kam Camille ins Spiel: Sie war die zuständige Kollegin in der Personalabteilung und wurde bei solchen Verstößen ins Boot geholt. Sie nahm sich des Falles an, investigierte, recherchierte und stellte Beweise sicher. Nach einigen intensiven Tagen stand fest: Es lag genug gegen Moritz für eine fristlose Kündigung vor. Hinter den Kulissen liefen die Vorbereitungen, die Kündigung wurde gedruckt und unterschrieben, der Personalleiter wurde informiert und die Rechtsabteilung überprüfte, dass alles wasserfest war.

Vermutlich ist es keine Überraschung, was dann passierte: Hagen stoppte den Prozess einen Tag vor der Kündigung. Er hatte Wind davon bekommen und schaltete sich ein. Von den eindeutigen Beweisen unbeeindruckt vertrat er den Standpunkt, dass das alles nur Missverständnisse seien, dass eine Kündigung völlig unverhältnismäßig sei. Er verpflichtete ein anderes Team, Moritz aufzunehmen, und verhinderte jegliche Dokumentation oder Vermerke in den Akten. Moritz ist bis heute in der Firma tätig.

Im Laufe meiner Recherche begegnete mir eine weitere Geschichte über die Ereignisse während einer Veranstaltung eines großen Unternehmens, die die Macht des Boys' Clubs erneut plakativ und deutlich aufzeigte. Die drei Mitarbeitenden Leon, Nico und Kira hatten einen erfolgreichen Tag verbracht und saßen am Abend noch energiegeladen an der Hotelbar. Leon und Nico waren zwei Führungskräfte auf dem Weg nach oben, die sowohl die richtigen Zahlen lieferten als auch mit den richtigen Menschen verkehrten. Sie berichteten an denselben Vorgesetzten, der viel Hoffnung in die beiden setzte. Kira war Mitarbeiterin in einem Parallelteam und hatte zu diesem Zeitpunkt keine Ambitionen auf eine Führungskarriere – sie betreute Kund:innen und bekam gutes Feedback, was für sie den angestrebten beruflichen Erfolg darstellte.

Im Laufe des Abends wurden sowohl alkoholische Getränke als auch Drogen konsumiert, sodass die drei bald nicht mehr zurechnungsfähig waren. Was dann geschah, ist niemandem so recht in Erinnerung geblieben – zumindest laut ihrer eigenen Aussagen. Das Resultat der Nacht war jedoch ein zerstörtes Hotelzimmer, inklusive aus dem Fenster geworfener Gegenstände und eindeutiger Hinweise auf sexuelle Handlungen.

Auch wenn man hieran sicherlich einiges verwerflich finden kann und das Hotel eine Schadensersatzforderung an den Arbeitgeber stellte, so wurde von keiner Seite unterstellt, gegen den Willen einer Person gehandelt zu haben. Im Rahmen der internen Ermittlungen zum Vorfall wurde auch Kira befragt und sie selbst gab an, dass sie sich an die Details nicht erinnern könne, aber nicht davon ausginge, dass sexuelle Handlungen gegen ihren Willen durchgeführt worden seien. Alle seien berauscht gewesen und es sei das eine zum anderen gekommen. Die Erzählungen der drei Betroffenen waren deckungsgleich und so wurde der Geschichte Glauben geschenkt. Das ist jedoch noch nicht das Ende der Fahnenstange, denn Leon und Nico hatten vielversprechende Karrieren vor sich – daher wäre ein solcher Vorfall wenig förderlich.

Was hinter den Kulissen geschah, werden wir leider nie genau erfahren, was wir aber wissen, ist, dass Kira das Verlassen des Unternehmens nahegelegt wurde. Ihr wurde ein Aufhebungsvertrag angeboten und dringend geraten, diesen anzunehmen, somit also »in Würde zu gehen«. Leon und Nico hingegen erfuhren keine Konsequenzen. Sie sind heute noch in diesem Unternehmen tätig und auf genau dem steilen Karriereweg, der ihnen prophezeit worden war. Anstatt mit dem gleichen Grad an Härte oder Milde alle Beteiligten zur Rechenschaft zu ziehen, wurde entschieden, die Frau zu Gunsten der Karrieren der beiden Männer zu entlassen.

Eine andere Facette des Boys' Clubs sind die Männerfreundschaften, die über Kompetenz gestellt werden. So auch bei Johannes und Mats. Die beiden waren seit vielen Jahren befreundet, waren technisch begeistert und begabt, und Mats hatte zudem unternehmerische Fähigkeiten. Als er sich zu einer Unternehmensgründung entschloss, war Johannes stets an seiner Seite und als Mitarbeiter der ersten Stunde nicht nur beteiligt, sondern auch emotional involviert. Schnell sollte das Unternehmen erfolgreich werden und drastisch wachsen. Mats war der unternehmerische Kopf, während Johannes auf der technischen Seite das Ruder in die Hand nahm und für bahnbrechende Innovationen sorgte.

Doch nicht nur das unternehmerische Denken hatte Mats Johannes voraus – die Führung von Menschen war Johannes nicht in die Wiege gelegt worden. Trotzdem leitete er seit über fünf Jahren einen Bereich, der immer größer und erfolgsentscheidender wurde. Johannes war berüchtigt dafür, dass seine Stimmung schnell umschlug, man nie wusste, ob ein Gespräch mit ihm angenehm und lustig oder destruktiv und emotional werden würde. Mats war zudem bewusst, dass Johannes keine gute Führungskraft war, dass die Mitarbeitenden unter ihm litten. Dennoch fühlte er sich ihm so stark verbunden, dass er das Problem ignorierte und trotz zahlreicher Vorfälle keine Konsequenzen folgen ließ. Johannes konnte tun und lassen, was er wollte. Er behielt dabei nicht nur seine Rolle als Führungskraft des Bereichs, sondern auch seinen scheinbar maßlosen Einfluss. Immer wieder setzte er Menschen unter Druck und ließ sie spüren, dass dank seiner Verbindung zu Mats seine Macht grenzenlos war. Ohne ersichtlichen Grund kreidete Johannes Mitarbeitende bei seinem Freund im Vorstand an und sorgte dafür, dass ihnen entweder Steine in den Weg gelegt oder sie gar gekündigt wurden.

Obwohl Mats bewusst war, dass Johannes die Stelle nicht entsprechend den Erwartungen an eine Führungskraft ausfüllte, er sogar einen negativen Effekt auf die Unternehmenskultur hatte, lag es ihm fern, Johannes' Verhalten zu ahnden. Im Gegenteil: Er bestärkte noch seine Überzeugung seines grenzenlosen Einflusses.

Die Frage wird immer lauter: Wie und wieso können diese Boys' Clubs bestehen? Die Antwort darauf ist so einfach wie traurig: Die Entscheidungsträger in den Unternehmen sind häufig Teil des Clubs, und diese werden sich nicht ins eigene Fleisch schneiden, indem sie sich selbst abschaffen. So sind 2023 immer noch nur 2,5 % der DAX40-Vorstandsvorsitzenden weiblich, und nur 3,8 % der Aufsichtsratsvorsitzenden.[17] Es werden primär Menschen in die mächtigsten Positionen des Unternehmens gehoben, die die Macht der anderen nicht gefährden.

Der Boys' Club. Ein Zusammenschluss aus toxischen Männern, den wir aus Podcasts und Reportagen kennen, und der sich immer wieder mit viel Kritik konfrontiert sieht, trotzdem aber unbesiegbar scheint. Teilweise kämpfen Männer dafür, diesen Clubs beizutreten, und wenn sie es geschafft haben, ihre Stellung dort zu verteidigen. Teilweise werden sie aber auch als neue Generation hineingeboren und erkennen die Privilegien, die ihnen quasi als Geburtsrecht vererbt werden, nicht an, bis sie sich aktiv damit auseinandersetzen.

Diese Boys' Clubs sind zudem nicht nur gefährlich aufgrund ihrer Förderung von Machtungleichgewichten, sondern auch aufgrund des Selbstverständnisses, mit dem regelmäßig gegen Moral und Anstand verstoßen wird. Wer dies hinterfragt oder gar anprangert, muss außerdem mit schwerwiegenden Konsequenzen rechnen. Es wird also höchste Zeit, den Boys' Clubs im großen Maße den Kampf anzusagen.

WO BLEIBT DER GIRLS' CLUB?

Wenn sich in so vielen Unternehmen wie selbstverständlich ein Boys' Club entwickelt, wie kann man dann das Ausbleiben des Gegenspielers, des Girls' Clubs, erklären? In einem Unternehmen, in dem ich arbeitete, wurde mir direkt am ersten Arbeitstag nahegelegt, die Zusammenarbeit mit einem bestimmten Team weitestgehend zu meiden. Der genannte Grund: Das Team bestünde fast ausschließlich aus Frauen und entsprechend sei Stutenbissigkeit an der Tagesordnung.

Im Nachhinein bin ich schockiert darüber, dass mich diese Aussage nicht empörte, jedoch ist das Klischee der Frauen, die sich gegenseitig niedermachen, um selbst zu glänzen, weit verbreitet. Schon als Jugendliche bekommen heranwachsende Frauen eingetrichtert, dass unter Frauen prinzipiell Konkurrenzdenken und Missgunst herrsche, während in gemischten oder männerlastigen Gruppen diese so oft zitierte Stutenbissigkeit weniger präsent sei. Um also nicht der Gruppe der stutenbissigen Frauen zugeordnet zu werden, wird oft versucht, möglichst wenige typisch weibliche Eigenschaften zu zeigen. Teil einer Gruppe von Frauen zu sein, scheint nicht erstrebenswert – je mehr man sich von anderen Frauen distanziert, desto mehr Respekt scheint man von den männlichen Kollegen zu bekommen.

Wer Gillian Flynns *Gone Girl* gelesen oder den gleichnamigen Film gesehen hat, erinnert sich vielleicht an den »Cool Girl«-Monolog der Hauptdarstellerin, welcher eine vernichtende Kritik daran darstellt, wie von Frauen erwartet wird, dass sie einem bestimmten Persönlichkeitstypus entsprechen müssten, um von Männern akzeptiert und begehrt zu werden. Hier einige relevante Passagen:

»Männer sagen das immer als das entscheidende Kompliment, nicht wahr? Sie ist ein cooles Mädchen. [...] Coole Mädchen werden nie wütend; sie lächeln nur gequält und liebevoll und lassen ihre Männer tun, was sie wollen. [...]«[18]

Beschrieben wird hier das Idealbild eines »Cool Girls« als eine Frau, die attraktiv, entspannt und unkompliziert ist. Laut der Hauptfigur ist das Cool Girl ein Mythos, eine Rolle, die Frauen spielen, um für Männer attraktiver zu wirken. Das Bemerkenswerte an diesem Monolog ist die Art, wie er die Doppelmoral und die unrealistischen Erwartungen, denen Frauen in der

Gesellschaft ausgesetzt sind, offenlegt. Durch die Beschreibung der unerreichbaren Normen, die Frauen erfüllen müssen, um von Männern als begehrenswert angesehen zu werden, hebt die Hauptfigur hervor, auf welche Weise Frauen gezwungen sind, emotionale Arbeit zu leisten und ihre eigenen Bedürfnisse und Wünsche zu opfern, um den gesellschaftlichen Erwartungen zu entsprechen.

Darüber hinaus ist der Monolog bemerkenswert, weil er den sogenannten »männlichen Blick« (engl. male gaze) kritisiert, indem er aufzeigt, wie von Frauen erwartet wird, dass sie den gesellschaftlichen Vorstellungen und Wünschen auf Kosten ihrer eigenen Identität und Handlungsfähigkeit nachkommen. Der Monolog hat viele Diskussionen über Geschlechterrollen, gesellschaftliche Erwartungen und darüber, wie Frauen in eine Rolle gedrängt werden, ausgelöst. Grundlage für diese Erwartungen an Frauen ist die Annahme, dass eine Frau sich dadurch auszeichnet, dass sie pflegeleicht, cool und entspannt daherkommt – quasi als Gegenentwurf zu dem gängigen Frauenklischee. Die Message ist also: Nur, wer sich verstellt, und versucht, sich mit Männern statt mit Frauen zu vernetzen, ist beachtenswert. Frauen, die dem nicht nachkommen, werden herabgewürdigt und als anstrengend angesehen.

Ein weiteres Phänomen in diesem Zusammenhang ist das sogenannte »Pick-me Girl« – eine Weiterentwicklung des Cool Girls. Der Ansatz hier ist, dass speziell jüngere Frauen, die gerade ihre ersten Erfahrungen mit romantischen Beziehungen machen, bewusst »weibliche« Eigenschaften und Gewohnheiten abstreiten, um auf das männliche Geschlecht attraktiver zu wirken. Pick-me Girls positionieren sich bewusst locker, entspannt und unkompliziert, während sie gleichzeitig vermeintliche Konkurrentinnen herabwürdigen.

Pick-me Girls glauben, dass sie, wenn sie sich Geschlechterstereotypen widersetzen und sich bewusst von typisch weiblichem Verhalten und Interessen distanzieren, eher von Männern als Partnerin oder Date-Material ausgewählt werden. Sie versuchen oft, sich als unbekümmert, pflegeleicht und uninteressiert an Dingen zu präsentieren, die traditionell als »mädchenhaft« gelten, wie Shopping, Make-up oder auch das Hören von Musik von weiblichen Popgrößen. Sie versuchen, Bestätigung und Aufmerksamkeit von Männern zu erlangen, indem sie sich ausdrücklich von anderen Frauen distanzieren und sich auf die vermeintliche Seite der Männer schlagen. Es geht darum, zu suggerieren, dass man nicht wie die anderen Mädchen sei, sondern viel mehr Gemeinsamkeiten mit den Jungen habe und genauso cool, gelassen und unaufgeregt sei wie sie. Dieses Verhalten fördert jedoch ein wettbewerbsorientiertes, toxisches Umfeld unter Frauen, in dem man sich nicht gegenseitig unterstützt, sondern herabwürdigt.

Diese zwei Typen zeigen klar, was für ein Bild Frauen vermittelt wird: Je weniger klassisch-weiblich man sich gibt, und je mehr man die vermeintlichen Konkurrentinnen in ein schlechteres Licht rückt, desto beliebter und erfolgreicher wird man sein. Umgibt man sich also mit einem »Girls' Club«, gilt man als unentspannt, streitsüchtig oder gar inkompetent. Das Patriarchat hat ganze Arbeit geleistet, indem so sichergestellt wird, dass ein Supportnetzwerk unter Frauen im Keim erstickt wird.

Dabei hat ein Girls' Club so viel Potenzial, der toxischen Männlichkeit endlich erfolgreich den Kampf anzusagen und eine gesündere Gesellschaft zu schaffen. Und ich persönlich kann bereits Anfänge davon sehen. So lernte ich vor über zwei Jahren bei einer Veranstaltung eine Frau kennen, die mich nachhaltig und weiterhin kontinuierlich beeindruckt. Ihre Familie kommt aus der Arbeiterklasse und hat Migrationshintergrund. Sie schloss vor nicht allzu langer Zeit ihre Promotion ab, setzt sich für Diversität und Chancengleichheit ein, und ist eine so bewundernswert, starke Frau, die andere fördert, pusht und deren Selbstbewusstsein fördert. Jede Unterhaltung mit ihr verlässt man mit einem Lächeln im Gesicht und einem guten Gefühl im Bauch. Obwohl diese Frau nur wenige Privilegien mit auf den Weg bekommen hat, scheint es ihrer Natur zu entsprechen, andere Menschen zu unterstützen. Dies ist bemerkenswert und inspirierend, und malt ein so schönes Bild davon, wie unsere Gesellschaft sein könnte.

Mir fallen auf Anhieb viele weitere Frauen in meinem Umfeld ein, die dem künstlich erschaffenen Bild, geprägt von Missgunst, Neid und Ellenbogen, nicht entsprechen. Im Gegenteil, sie nutzen ihre Privilegien, ihre Stellungen und ihre Netzwerke, um andere Menschen, die nicht die gleichen Voraussetzungen vorweisen können, mitzuziehen und ihnen zu Visibilität und Erfolg zu verhelfen. Und das wohlgemerkt unabhängig des Geschlechts.

Als ich im Rahmen von Vorstellungsgesprächen mit einem Unternehmen sprach, das mir ein Vertragsangebot unterbreiten wollte, sprach ich mit einer Frau, die ich seit einigen Jahren kannte und die dadurch, dass sie mich empfohlen hatte, maßgeblich dazu beigetragen hatte, dass ich die Zusage erhalten sollte. Ohne Transparenz über das Gehaltsgefüge im Unternehmen war die Zahl, die ich fordern wollte, vergleichsweise klein. Sie machte mir nicht nur ihr Gehalt transparent, sondern beriet mich auch hinsichtlich der Verantwortung und Visibilität der Position. Sie korrigierte meine Zahl weit nach oben – auch weit über das, was sie selbst verdiente. Obwohl das in einer idealen Welt normal sein sollte, beeindruckte mich das so sehr, dass mein Respekt vor ihr nochmals erheblich wuchs. Dieses Beispiel zeigt deutlich, was die Auswirkungen eines Girls' Clubs sein können: Wir sorgen für eine fairere, transparentere Welt, ohne dabei das Klischee der Stutenbissigkeit zu erfüllen.

Selbstverständlich ist dies nur der Fall, wenn man den Girls' Club nicht als Kopie des Boys' Clubs sieht, sondern andere Werte und Ziele voraussetzt. Werte und Ziele, die dem Bild widersprechen, welches uns von Frauen in der Unternehmenswelt vermittelt wird. Vereinfacht ausgedrückt kann man sagen: Frauen haben die Wahl. Sie können versuchen, durch ihr Verhalten ein Teil des (neugeschaffenen) Boys' Clubs zu werden, indem sie zweifelhafte Handlungen decken und versuchen, auf der Erfolgswelle der Männer mitzuschwimmen, oder sich von den Vorurteilen und Prägungen freizumachen, indem sie ohne Angst vor weiblichen Klischees für Gerechtigkeit, Unterstützung, Gleichberechtigung und Transparenz einstehen.

Der Name »Girls' Club« kann also irreführend sein, wenn man hier den Gegenspieler erwartet, der ebenfalls korrupte und unlautere Handlungen fördert, nur mit einem anderen Geschlecht als Profiteur. Tatsächlich ist aber ein Verhalten frei von üblichen Klischees gemeint, das es nicht-toxischen Menschen ermöglicht, sowohl das eigene Potenzial auszuleben als auch andere Menschen zu unterstützen.

Wir sollten vermutlich nicht von einem »Girls' Club« sprechen, sondern von einem »Non-Toxic Club«. Die Beschränkung auf Geschlechter ist nicht nur falsch, sondern auch gefährlich, denn es sind bei Weitem nicht alle Männer, die vom Boys' Club profitieren – im Gegenteil, wir reden von wenigen, privilegierten, toxischen Menschen, die durch den Boys' Club bevorzugt behandelt werden. Jedoch ist es für eben jene Menschen strategisch klug, hier so zu tun, als wäre dies ein Geschlechterkampf, da dies einerseits suggeriert, dass Männer nicht gegen den Boys' Club ankämpfen sollten, und andererseits die Herabwürdigung der anderen Geschlechter Männern das Gefühl gibt, sie müssten sich zusammenschließen, um nicht zu verlieren.

Es war aber nie ein Kampf der Geschlechter, sondern schon immer ein Kampf toxischer Rollenbilder gegen Gleichberechtigung.

Auch, wenn wir nach wie vor sehen, dass Frauen weit verbreitet anerzogen wird, andere Frauen als Konkurrenz zu sehen und sich durch vermeintlich männliche Eigenschaften hervorzuheben, zeigen doch die Beispiele, die wir immer zahlreicher sehen, ganz deutlich: Wenn wir anderen selbstlos zu Erfolg und einer Bühne verhelfen und sie unterstütze, wachsen wir selbst – »We rise by lifting others«.

TOXISCHE MÄNNLICHKEIT IM BERUF

Wie eingangs beschrieben, möchte ich in diesem Buch Menschen eine Stimme geben, die mir ihre Geschichten aus ihrem Berufsleben erzählt haben. Hierbei muss ich die Anonymität gewährleisten, da einige von ihnen Konsequenzen fürchten und diese teilweise auch angedroht bekommen haben. Ich habe also zugehört, mitgeschrieben und Namen sowie teilweise irrelevante Details verändert. Diese Geschichten lassen sich in »Personas« zusammenfassen. Und diese Personas sowie ihre Geschichten möchte ich nun vorstellen.

DIE PRAKTIKANTIN

Meine berufliche Karriere begann ich als Studentin: Während des Studiums hatte ich verschiedene Jobs als Werkstudentin und Praktikantin inne. Außerdem hatte ich diverse Aushilfsjobs, beispielsweise wie anfangs erwähnt als Kellnerin, aber ich räumte auch Regale im Supermarkt ein, oder leerte und putzte Vasen im Blumenladen. All diese Jobs vor dem Beginn meiner eigentlichen beruflichen Laufbahn brachten mir viel bei: den Umgang mit Kund:innen, körperliche Arbeit zu unbequemen Uhrzeiten, die Bedeutung eines guten Teams und nicht zuletzt auch Demut. Mir war schnell klar, dass die Tätigkeiten, die ich im Laufe meiner Karriere erledigen würde, andere sein würden als die, mit denen ich während des Studiums meinen Autotank füllte, und dass ich das auch meinen Privilegien zu verdanken hatte. Mein Elternhaus ermöglichte es mir, recht sorgenfrei zu studieren, und mir war immer bewusst, dass ich alle denkbare Unterstützung erhielt, die vielen anderen Menschen verwehrt blieb.

Diese Nebenjobs, denen ich studienbegleitend nachging, waren eine gute Schule, auch wenn der Ton manchmal etwas rauer war. Ich persönlich war zu diesem Zeitpunkt noch nicht sensibilisiert in Bezug auf Sexismus, aber natürlich sind mir auch hier schon unterschwellig Punkte aufgefallen, wie die Sexualisierung von Kellnerinnen oder die schiefen Blicke, wenn man nicht auf Annäherungsversuche von Gästen einging. Doch abgesehen von den offensichtlichen Situationen wurde ich im weiteren Verlauf mit unterschwelligem Sexismus konfrontiert, den ich als Berufseinsteigerin nicht sofort als solchen identifizierte. Erst rückblickend wurde mir bewusst, dass diese Ungleichbehandlung aufgrund meines Geschlechts passierte und eine toxische Sozialisierung der Grund dafür war.

Als Praktikantin war es für mich an der Tagesordnung, meinem Manager Heißgetränke zu bringen – mal Kaffee, mal Tee, mal heiße Schokolade. Ich betrachtete das als Zeichen der Hierarchie und machte mir zunächst keine weiteren Gedanken darüber. Spannend wurde es erst, als ein männlicher Praktikant startete und dieser nicht um solche Dienstleistungen gebeten wurde. Dass ich an der Kaffeemaschine die anderen Praktikantinnen traf, die ebenfalls für die Heißgetränke zuständig waren, während die männlichen Praktikanten oft Terminen beisitzen durften, verstärkte das langsam aufkommende komische Gefühl.

Dass ich kurz darauf auch gegenteilige Erfahrungen machte, ließ mich jedoch den Gedanken, dass es sich um – wenn auch möglicherweise unbewusste – Diskriminierung handle, wieder verwerfen. Paul war zu meiner Studierendenzeit einer meiner Manager in diesem Unternehmen und völlig unbeeindruckt von Geschlechterklischees. Er gab mir früh viel Verantwortung, die mit Zahlen, Controlling und Excel-Formeln zu tun hatte. Er ließ mich knobeln, grübeln und selbst erkunden, bis ich zum gewünschten Ergebnis kam. Dass ich als Frau in einem rein männlich besetzten Team herausstach, kam weder zur Sprache, noch wurde es mir unterschwellig vermittelt. Ich war für ihn eine Kollegin, nicht mehr und nicht weniger. Von diesen Fähigkeiten, die Paul mir in dieser Zeit beibrachte – nicht zuletzt: nicht aufzugeben und eigenständig auf Lösungswege zu kommen –, profitiere ich noch heute. Ich bin mir sicher, dass Paul in seinem Verhalten nichts Besonderes erkennen kann. Er gab mir Aufgaben und animierte mich dazu, diese zu lösen. Doch rückblickend hat mich genau diese Gleichbehandlung, mit der er mich keine Sekunde an meinen Fähigkeiten zweifeln ließ, wachsen lassen und mir Selbstbewusstsein gegeben.

Immer wieder mit auch solchen starken, mich fördernden Männern arbeitend ordnete ich rückblickend einiges falsch ein. Ich sah so die sexistischen Bemerkungen, toxischen Ansichten und patriarchischen Anforderungen als Eigenarten einzelner Menschen statt als Grundproblem der Gesellschaft und Arbeitswelt, in der ich mich befand.

Heute blicke ich teilweise mit Erschrecken auf meine eigenen Reaktionen, aber auch auf die meiner Kolleginnen zurück. Es wurde so viel hingenommen und als normal erachtetet, was hochgradig sexistisch war. Und ein Nebeneffekt davon, dass man beobachtet, wie Kolleginnen ein solches Verhalten hinnehmen und kleinreden, ist, dass man selbst nicht darauf kommt, bestimmte Dinge zu hinterfragen.

So gab es während eines anderen Praktikums den Manager Walther, der bekannt dafür war, seine sehr attraktiven Mitarbeiterinnen (die Attraktivität war natürlich kein Zufall, sondern Einstellungskriterium) gerne auf Leitern steigen zu lassen, um Ordner aus hohen Schränken zu holen, und dabei durchaus offensichtlich hinter ihnen zu stehen und jede Bewegung genau zu beobachten. Auch seine Hände an den Oberschenkeln »zum Stützen« mit anschließendem Klaps auf den Hintern der Frauen, mit den begleitenden Worten »ich helfe dir mal« und »gut gemacht«, musste ich beobachten. Besonders bei Laura und Anja »half« er oft auf diese Art. Ich war verdutzt und fragte nach einiger Zeit nach, ob die beiden das denn nicht störte. Die Antwort fand ich damals irritierend und heute inakzeptabel: Sowohl Laura als auch Anja erwiderten, dass er nun mal zu Hause keine Zuneigung mehr von seiner Frau bekomme, er so nun mal sei und im Prinzip ja keinem etwas tue. Letztendlich habe er auch Kontakte ins höhere Management und diese Belästigungen seien ein kleiner Preis für einen gesicherten Job mit gutem Einkommen.

Toxische Männlichkeit in Reinform, unterstützt und gefördert von Frauen, die sich gezwungen fühlten, jenes Verhalten zu relativieren und hinzunehmen. Die Bezeichnung »Belästigungen« kommt hierbei von mir – vor Ort wurde es nie so definiert, was ich rückblickend als gefährlich erachte, vermittelt es doch das Bild, dass solche Übergriffe zum Berufsleben dazugehören. Glücklicherweise befand ich mich in einem privaten Umfeld, das mir zeigte und vorlebte, dass solches Verhalten niemals in Ordnung ist. Doch nicht jede:r hat ein solches Korrektiv in der direkten Umgebung.

Es wird also in einigen Unternehmen vorgelebt, dass »Männer nun mal so sind« und man als Frau einfach Rücksicht darauf nehmen müsse; die Männer könnten ja schließlich nichts dafür. Dies ist aber nicht nur hochgradig gefährlich für die Frauen, die diese Relativierung sehen und sich gegebenenfalls angewöhnen, Übergriffe als wenig dramatisch anzusehen, sondern auch für Männer per se. Denn wie schon festgestellt, liegen dieses beschriebene Verhalten und die sexistischen Ansichten nicht in der Natur des Mannes, sondern sind antrainiert und bei Weitem nicht in jedem Mann verankert. Dennoch wird schon heranwachsenden Jungen vermittelt, dass es ihnen an Impulskontrolle fehlen würde. Bereits in der Schule werden Mädchen angehalten, ihre Kleidung entsprechend zu wählen, um zu vermeiden, die männlichen Schulkameraden abzulenken. Andersherum fehlt es an solchen Richtlinien. Es wird also suggeriert, dass Männer ihre Impulse und Triebe nicht kontrollieren können, Frauen aber sehr wohl. Zu sagen, dass Männer aufgrund ihres Geschlechts Interesse daran haben, Frauen zu belästigen und zu erniedrigen, Macht auszuüben und, falls sie »zu Hause keine Zuneigung bekommen«, die nächstbeste Frau anfassen, ist realitätsfern und falsch. Diese Vorfälle sind abstoßend und haben rein gar nichts damit zu tun, dass »Männer so sind«. Und je eher das von der gesamten Gesellschaft verstanden wird, desto eher kann ein solches Verhalten als toxisch identifiziert und bekämpft werden.

Ich wünschte, ich könnte nun schreiben, dass meine Erfahrungen extrem gewesen seien und somit ein Mahnmal für toxische Männlichkeit darstellten. Allerdings ist das Gegenteil der Fall: Spreche ich mit anderen Frauen, höre ich viele weitere Geschichten, die meinen ähneln und sie in ihrer Absurdität noch weit übertreffen. Vivien beispielsweise erzählte mir eine solche Geschichte. Sie absolvierte gerade ihr zweites Studium und war seit einem Jahr als studentische Aushilfe in einem Unternehmen tätig.

Als studentische Aushilfe half Vivien bei der Organisation einer Veranstaltung für Kund:innen und Mitarbeitende. Hier war Tobias eingeladen, ein

Manager aus der mittleren Führungsebene, unglücklich verheiratet und einem ihm vorauseilenden Ruf. Für ihn scheint es Liebe auf den ersten Blick gewesen zu sein, denn er wich nicht mehr von Viviens Seite. Bereits an dem Abend der Veranstaltung sagte er ihr – in Anwesenheit und Hörweite anderer Kolleg:innen –, dass er glaube, sie sei die Liebe seines Lebens, und dass er die Nacht mit ihr verbringen würde, sie müsse nur »ja« sagen. Im nächsten Urlaub, den er gerade plante, solle sie ihn begleiten, und auf die nächste Dienstreise nehme er sie als Begleitperson mit. Ich möchte anmerken, dass dieser Manager einige Hierarchieebenen über der Studentin stand und ihm definitiv bewusst war, dass sie auf der Suche nach einer permanenten Stelle im Anschluss an ihr Studium war.

Vivien lehnte das Angebot ab, verhielt sich ihm gegenüber aber für den Rest des Abends freundlich. Er schien die Ablehnung auf den ersten Blick gut wegzustecken, doch das sollte nicht lange anhalten. Am nächsten Morgen rief er sie auf dem Firmenhandy an und schickte ihr Nachrichten und sogar Geschenke an ihre Privatadresse, die er ihrer Personalakten entnommen hatte. Dass er viele Jahre älter war als sie und es ein massives Machtungleichgewicht gab, schien ihn nicht zu stören – im Gegenteil, ihm schien seine Position, in der er ihr die Welt erklären konnte, gut zu gefallen.

Die Erfahrungen, die Vivien als Studentin machen musste, haben sie sichtlich geprägt. Ich bin dankbar, dass es sich um eine starke, intelligente Frau handelt, die sich, auch durch ihr Umfeld bestärkt, nicht auf ihn einließ. Ich möchte mir nicht ausmalen, in wie vielen Fällen Praktikantinnen und Studentinnen anders handeln, in der Hoffnung auf eine feste Stelle und Sicherheit, aus Angst und beeinflusst vom Machtungleichgewicht im Unternehmenskontext, welches hier ausgespielt und missbraucht wird.

Auch Sandras Geschichte ist nicht weniger besorgniserregend. Sie startete ihre Karriere als Praktikantin im Vertrieb eines Konzerns und war dort Marius unterstellt, der wiederum an Philipp berichtete. Philipp arbeitete im höheren Management, Marius im mittleren. Sandra hatte sich nicht auf klassischem Weg beworben, sondern war über ihren Partner an den Job gekommen – dieser war auch im Vertrieb, jedoch in einem anderen Bereich tätig, und fragte direkt bei Philipp nach, ob bei ihm nicht eine Studentin benötigt würde.

Sandra war wunderschön. Sie hatte lange braune Locken, kleidete sich elegant und zog viele Blicke auf sich. Philipp sagte sofort zu und stellte sie unter Marius ein, der sie dann in diverse Vertriebsaktivitäten einband. Doch Philipp hatte größere Pläne. Schon bald gab es Gespräche zwischen den beiden Managern, bei denen Philipp klarmachte, dass er Sandra zu diversen Events und Reisen mitnehmen wollte. Dies war ungewöhnlich, da in dem Bereich die Studierenden nur in absoluten Ausnahmefällen, sprich bei Krankheit und anders begründeten ausfallenden Kolleg:innen, in solche Themen eingebunden wurden, doch Marius widersprach nicht, denn Philipp schien sich seines Vorhabens sicher zu sein. Somit buchte Philipps Assistentin Sandra zu beinahe allen seinen Reisen dazu, und diese packte ihre Koffer.

Die erste Reise verlief vergleichsweise harmlos ab: Philipp nahm Sandra zu einem Kunden mit und bat sie nach erfolgreichem Abschluss, noch mit ihm an der Hotelbar etwas zu trinken – das sei Usus. Sie willigte ein. Er war anzüglich und berührte sie immer wieder beim Reden, aber beide gingen getrennt in ihre Zimmer. Doch mit jeder weiteren Reise wurde Philipp offensiver. Er bat Sandra, weiter ausgeschnittene Oberteile für die Kundentermine anzuziehen, »alles für die Quote«, und letztendlich sagte er bei der sechsten Reise, dass er Champagner zum Anstoßen in seinem Zimmer habe und sie doch mitkommen solle. Dort angekommen machte er Sandra unmissverständlich klar, dass er Sex von ihr erwartete. Es sei doch so gut gelaufen heute, das müsse man feiern. Als sie erwiderte, dass sie nicht wollte und sich damit unwohl fühle, zückte er sein Telefon, machte ein Bild von Sandra, wie sie in seinem Hotelzimmer saß, und fragte sie, was ihr Freund wohl davon halten würde, wenn er erfuhr, dass sie mit anderen Männern in deren Zimmer gehe. Sie solle sich nicht so anstellen, es würde ja niemand mitbekommen, er habe gesehen, wie sie ihn ansehe, und sie wolle doch sicherlich ihre Stelle nicht verlieren.

Leider ist es mir unmöglich, zu erzählen, wie diese Geschichte ausging, ohne die Anonymität der betroffenen Personen zu gefährden. Letztendlich ist es aber auch irrelevant, da sie nur exemplarisch für viele Geschichten steht.

Vielleicht auf den ersten Blick weniger drastisch, aber trotzdem genauso unangebracht und manipulativ ist Ivanas Geschichte. Sie war im Rahmen eines Praxissemesters in einem Unternehmen als Praktikantin tätig und sollte eigentlich im Finanzbereich unterstützen. Ivana war wesentlich jünger als die restlichen Mitarbeitenden des Teams, und ihr Manager Jochen hatte wenig Vertrauen in die Fähigkeiten von Menschen, die nicht schon viele Jahre im Berufsleben standen.

Obwohl Ivana durch ihre vorherige Ausbildung durchaus qualifiziert war und im Rahmen der Vorstellungsgespräche ihre Tätigkeiten auf zwar unterstützende, aber dennoch produktive und zahlengetriebene Aufgaben festgelegt worden waren, sah ihr Alltag während dieser sechs Monate anders aus als gedacht. Denn Jochen machte schnell klar, dass er Frauen generell nicht viel zutraue und dass speziell Praktikantinnen so viele Fehler machten, dass er kein Risiko eingehen wolle. Ivana durfte also keine Excelformeln erstellen oder Berichte verfassen, wie es ursprünglich vorgesehen gewesen war. Ihr Alltag dort sah so aus, dass sie viermal am Tag Kaffee holen musste – für die gesamte Abteilung, versteht sich –, um im Anschluss interne Botengänge zu erledigen, wie beispielsweise das Abholen und Wegbringen der Hauspost.

Jochen lobte sie dafür, dass sie diese Tätigkeiten überaus gut erfülle. Er sagte scherzhaft zu ihr, »Keiner drückt den Knopf für Kaffee so schön wie du«, und als Ivana dann einmal ihren Mut zusammennahm und ihn um mehr Verantwortung bat, erklärte Jochen ihr, dass sie als junge Frau dankbar sein sollte, überhaupt einen Praktikumsplatz bekommen zu haben. Sie solle besser unter dem Radar fliegen, bevor es noch auffalle, wie undankbar sie sei, denn dann wäre ihr Praktikumsplatz in Gefahr. Und es ging hier um ein Pflichtpraktikum, das für das Studium notwendig war. Er glaube nicht, dass sie so kurzfristig einen anderen Platz fände, und überhaupt wäre nicht nur er, sondern das gesamte Team davon überzeugt, dass sie einfach ungeeignet für komplexere Tätigkeiten sei. So übernahm Ivana desillusioniert die ihr aufgetragenen Dienste für die restliche Zeit ihres Praktikums.

Eine weitere junge Frau ist Ida, die ebenfalls im Rahmen ihrer Ausbildung Erfahrungen machte, die man ihr gerne erspart hätte. Sie war gerade einmal sechzehn Jahre alt, als sie Jannis zugeteilt wurde, der eine Abteilung leitete und in diesem Rahmen auch die Auszubildenden betreute. Besonders junge, hübsche, blonde Auszubildende hatte Jannis gerne in seiner Abteilung, und unabhängig von tatsächlichen Leistungen fielen die Bewertungen dieser Azubis konstant besser aus als die derer, die offensichtlich nicht in sein Beuteschema passten. Er schien sich daran zu ergötzen, den Auszubildenden Aufgaben zuzuteilen, und sie dann, wenn diese mit einem Ergebnis zurückkamen, herablassend anzugrinsen und ihnen mitzuteilen, dass er das gar nicht so von ihnen verlangt hatte und die Aufgabe eine ganz andere gewesen sei.

Ida fiel nicht in Jannis' Beuteschema, wodurch sie besonders unter seinen Machtspielchen litt. Unabhängig davon, welche Ergebnisse sie ablieferte, es schien nie genug zu sein. Als Berufseinsteigerin, die mit Jannis als Vorgesetzten die ersten Erfahrungen im Berufskontext machte, war Ida stark verunsichert. Sie fragte sich, ob dies nun die allgemeine Arbeitswelt sei, und zweifelte zwischenzeitlich sogar an ihrem Verstand. Auflösen sollten sich ihre Zweifel, als sie im vertrauten Rahmen befragt wurde: Es hatten offensichtlich mehrere Personen Jannis' Verhalten gemeldet. Ida wurde befragt, ob ihr aufgefallen sei, dass Jannis in ihr Dekolleté geschaut hätte, ob er sie angefasst habe und ob sie Bewertungen erhielt, die ihrer Meinung nach nicht der Realität entsprachen. Anhand dieser Fragen ist erkennbar, dass offensichtlich mehrere Personen ähnliche Beobachtungen gemacht hatten wie Ida – und den Mut hatten, dies zu melden. Ida erzählte mir im Gespräch, dass sie, bevor sie befragt wurde, ernsthaft über die Kündigung nachgedacht hatte, und dass die Abteilungen, denen sie anschließend zugeteilt war, darüber verwundert waren, wie wenig Vertrauen sie in ihre Arbeit und Leistungsfähigkeit hatte, wo sie doch alle Erwartungen mehr als erfüllte.

Besonders für Menschen, die ihre ersten Erfahrungen im Berufsleben machen, sind sowohl die Verhaltensweisen von Menschen in Machtpositionen als auch die Reaktionen der Mitarbeitenden auf Ungerechtigkeiten enorm wichtig. Hier wird der Grundstein für die Selbstwahrnehmung in der Berufswelt und für einen gesunden oder ungesunden Umgang mit Sexismus und den Geschlechterrollen gelegt.

Was tun? – »Ich werde hier nicht so betreut, wie es notwendig und angebracht ist.«

Zwei Aspekte finde ich bei diesem Punkt besonders wichtig: Zum einen müssen wir sensibler für Machtmissbrauch werden und solche Missstände ohne Ausnahme ahnden. In beinahe jedem Unternehmen werden täglich Kommentare und Handlungen geduldet, die, wenn man genauer hinschaut, nicht geduldet werden sollten. Ja, Konflikte sind anstrengend. Ja, manchmal ist es einfacher, wegzuschauen und sich seinen Teil zu denken. Doch das Herunterspielen solcher Sprüche und Übergriffe hat zur Folge, dass unsere Schmerzgrenze sich verschiebt, genau das sollten wir hier aber nicht dulden, sondern sensibel für diese Themen sein und bleiben. Mag es auch noch so unangenehm sein, möge es auch noch so viel leichter sein, mit den Augen zu rollen und die Situationen zu ignorieren.

Zum anderen ist es elementar, was wir vorleben. Wir sollten Sätze wie »er bekommt zu Hause keine Zuneigung« oder »er stellt einfach gerne hübsche, junge Frauen ein« nicht hinnehmen, sondern aus dem Unternehmenskontext komplett verbannen. Vorbilder sind unendlich wichtig, und wenn die Menschen, zu denen wir am Anfang unserer Karriere aufschauen und von denen wir lernen, solches Verhalten zu dulden, richtet das potenziell mehr Schaden an, als uns in diesen Momenten bewusst sein mag. Wenn wir nicht für uns selbst solche Missstände ansprechen wollen, dann sollten wir es zumindest für die tun, die uns beobachten und von uns lernen, die nicht in der Lage und Position sind, für sich selbst einzustehen. Dies ist eine wichtige Erkenntnis, an die ich mich jeden Tag bewusst erinnere: Irgendjemand beobachtet uns immer, irgendjemand sieht in uns ein Vorbild. Es gibt Menschen, die dort stehen, wo wir vor einiger Zeit standen, und diese Menschen schauen uns an und sehen ihre Zukunft. Wie wir uns verhalten, kann deren Entwicklung und Perspektive maßgeblich prägen.

Für Praktikant:innen, Student:innen und alle anderen Menschen, die in das Berufsleben starten, heißt das im Umkehrschluss: Stellt euch breit auf. Sucht euch viele diverse Vorbilder, sprecht offen darüber, wenn ihr Verhaltensmuster seht, die ihr für unangebracht haltet, und lasst euch nicht einreden, dass irgendjemand das Recht hat, euch gegen euren Willen anzufassen oder euch anderweitig in Situationen zu bringen, die euch unangenehm sind. Auch, wenn es vielleicht suggeriert wird: Es existiert kein Grund, der ein solches Verhalten legitimieren würde, und es ist euer Recht, euch dagegen zu wehren.

SIGNALISIERT SCHMINKE INKOMPETENZ?

Als Kind hatte ich ein rosafarbenes Fahrrad, denn ich mochte die Farbe schon immer. Letzte Woche war ich auf einem schicken Event, mit einem ebenfalls rosa Kleid. Genauso gerne wie ich mit Dutt und Jogginghose auf der Couch E-Mails beantworte, schminke ich mich, ziehe Businesskleider und schöne Schuhe für einen Tag im Büro oder eine Veranstaltung an. Außerdem werde ich es niemals hinnehmen, dass meine Kleiderwahl, meine Farbpräferenzen oder die Intensität meines Make-ups als Indikator für meine Kompetenz interpretiert wird.

Es gibt ein Idealbild, welches Frauen erfüllen müssen, um als kompetent angesehen zu werden. Kein Make-up ist genauso selten akzeptiert wie starkes Make-up. Und das weiß ich, weil es sehr deutlich gezeigt wird und ich sogar darauf angesprochen werde. Mehrfach wurde ich schon bestaunt, wenn ich ungeschminkt das Büro betrat. Die Frage »Bist du krank?« wird dann mit einem so deutlichen Unterton gestellt, dass niemand daran zweifeln kann, dass es hier nicht um echte Sorge um den Gesundheitszustand geht. Die eigentliche Nachricht, die hier anders verpackt gesendet wird, ist: »Das ist nicht schön anzusehen, komm so bitte nicht zur Arbeit, sondern gib dir mehr Mühe, zu gefallen.« Aber auch das andere Extrem bekam ich mehr als einmal zu hören: Wird das Make-up als zu intensiv empfunden, wird gerne gefragt, wen man denn beeindrucken möchte, oder ob man noch verabredet sei.

Viktoria hatte Ende der 80er-Jahre einen Aushilfsjob in dem Vorstandscasino einer Bank. Die Vorstände, selbstverständlich nur Männer, verbrachten hier Zeit mit Kunden, und es wurden Geschäftsgespräche in diese Lokalitäten verlegt. Sehr deutlich wurde hier die Erwartungshaltung kommuniziert, dass es nur zwei Optionen gab: Die angestellten Damen kommen geschminkt oder gar nicht. Selbstbestimmung über das eigene Erscheinungsbild war hier fehl am Platz. Solche Vorgaben gehen weit über eine angemessene Kleiderordnung hinaus. Sich dem Anlass entsprechend zu kleiden ist eine legitime Anforderung im Arbeitskontext, über Intensität des Make-ups bestimmen zu wollen, jedoch eine Grenzüberschreitung. Und auch wenn dieser Vorfall einige Jahre her ist, kenne ich keine Frau, die nicht ähnliche Geschichten erzählen kann – egal ob von vor 20 Jahren oder Tagen.

Doch ich möchte hier nicht primär auf das naheliegende Streitthema eingehen, dass man es ohnehin nicht richtig machen könne und das Patriarchat vorgebe, was für eine Frau angemessen sei. Natürlich ist das übergriffig und respektlos. Ich möchte vielmehr eine Ebene tiefer gehen. Die Farbe Blau wird Männern zugeschrieben, während Rosa für Frauen reserviert ist – zumindest heute. Bis in die 1940er-Jahre war es umgekehrt, was die Willkür dahinter deutlich zeigt.

Unsere Wahrnehmung wird von unserer Umwelt geprägt, wie auch unsere Wertvorstellungen. Mit der Geschlechterzuschreibung von Farben werden diese auch mit Eigenschaften versehen: Schminke, Glitzer und hohe Schuhe runden das Bild ab, das die Gesellschaft vom weiblichen Geschlecht hat. Und diese Dinge haben eines gemein: Sie symbolisieren und suggerieren in der allgemeinen Wahrnehmung Inkompetenz. Eine Frau mit buntem Nagellack, auffälliger Handtasche und einem Lidstrich wird in der öffentlichen Wahrnehmung eher als weniger intelligent statt erfolgreich und respektiert wahrgenommen.

Mir selbst wurde schon gesagt, dass mein roter Nagellack die Männer ablenke und unprofessionell sei. Wobei mir bis heute schleierhaft ist, warum Frauen ihren Nagellack anders wählen müssen, wenn angeblich Männern die Fähigkeit fehlt, ihre sexualisierenden Gedanken im Berufsalltag abzustellen oder wenigstens im Zaum zu halten. Wenn dieses Problem so groß ist, dass Frauen es bei der Auswahl des Nagellackes im Hinterkopf behalten müssen, wäre es vielleicht angebrachter, stattdessen jenen Männern beizubringen, wie sie Frauen begegnen können, ohne zum wilden Tier zu mutieren, und sich nicht von solchen Äußerlichkeiten aus der Bahn werfen zu lassen. Denn entsprechend meiner Erfahrung schafft es der Großteil der Männer ziemlich gut, einen respektvollen Umgang unabhängig des Nagellacks der Kolleginnen zu pflegen. Es ist durchaus möglich, mit Frauen zu arbeiten, ohne sie permanent zu sexualisieren und ihre Persönlichkeitsrechte einzuschränken. Warum dann nicht hier anfangen?

Aber zurück zum Thema. Attribute, die typischerweise Frauen zugeschrieben werden, stehen in der öffentlichen Wahrnehmung stellvertretend für Inkompetenz, während männlich assoziierte Präferenzen als erstrebenswert dargestellt werden. Und darunter leiden bei Weitem nicht nur Frauen, sondern alle Menschen, die sich nicht mit dem toxischen Idealbild eines Mannes identifizieren. Menschen, die über eine größere Emotionspalette verfügen als der toxische Mann, der oft stark von Wut gesteuert wird, bekommen im Berufsleben häufig zu spüren, dass sie nicht ernst genommen werden. Herablassend werden Frauen als zickig bezeichnet, nicht-toxische Männer als weich, und jene Menschen, die

Emotionen wie Empathie zeigen, als leichte Opfer angesehen. Entsprechend ist es ein Leichtes, die Inkompetenz einer Gruppe Menschen an Merkmalen festzumachen, die für sie typisch sind. Magst du Rosa, bist du nun mal ein Mädchen. Und bist du ein Mädchen, bist du nun mal nicht so kompetent.

Wir können hier ein gefährliches Phänomen beobachten: Häufig sehen wir Frauen, die in verantwortungsvolle Rollen gelangen, indem sie toxische Männlichkeit imitieren. Indem alles abgelegt wird, was als weiblich und damit als weich und inkompetent gewertet wird, wird der Weg in den »Boys' Club« geebnet. Und das trifft sich gut, denn um nicht zu sehr an den Pranger gestellt zu werden, müssen die toxischen Männer ab und zu auch eine Frau fördern. Umso praktischer, wenn diese deren Ebenbild darstellt, nur mit anderem Geschlecht.

Das soll jetzt bitte nicht falsch verstanden werden, denn mir ist durchaus bewusst, dass nicht jede Frau Rosa mag und sich gerne schminkt. Niemand sollte sich verstellen, um einem Klischee zu entsprechen. Dennoch ist es auffällig, wie viele nicht geschlechtsrollenkonforme Frauen in Machtpositionen gelangen und wie viel Aufsehen es erregt, wenn es eine Frau ist, die einige der Klischees erfüllt, die von toxischen Männern mit Inkompetenz in Verbindung gebracht werden.

Ich persönlich trage mit Freude bunten und glitzernden Nagellack und habe inzwischen keine Angst mehr, aufgrund von persönlichen Präferenzen in Schubladen gesteckt zu werden, die nichts mit meinen Fähigkeiten zu tun haben. Denn diese Fähigkeiten sind erstaunlicherweise unabhängig von der Nagellackfarbe, und das kann ich gut artikulieren.

In einem meiner Jobs durfte ich mit Kimberly zusammenarbeiten – nicht im selben Team, aber in derselben Organisation. Kimberly war eine absolute Expertin in ihrem Job. Sie war nicht nur qualifiziert, sondern auch erfahren und gestanden. Es gab wenige Themen, die sie nicht aus dem Stegreif lösen konnte, und falls sie sich doch einmal unsicher war, nutzte sie ihr breites und etabliertes Netzwerk und hatte in kürzester Zeit die nötigen Informationen. Kimberly war außerdem im Team etabliert und beliebt, immer freundlich und hatte Nerven aus Stahl. Mitarbeitende, wie man sie sich wünscht.

Doch es gab ein Detail, das ihren Erfolg leider schmälerte: Sie mochte leidenschaftlich gerne Designerkleidung, ließ sich regelmäßig mit Botox behandeln und trug praktisch nur grelle, auffallende Farben. Man konnte beobachten, wie Menschen ihr Äußeres kritisch betrachteten und sich schwertaten, ihr verantwortungsvolle Aufgaben zu geben. War es nicht ihr direktes Umfeld, das sie kannte und schätzte, wurde sie oft respektlos und herablassend behandelt. Sie musste sich in regelmäßigen Abständen anhören, dass das Projekt kein »Püppi« bräuchte, sondern qualifizierte Menschen, oder dass sie sich doch wohl nicht ihre Hände schmutzig machen wolle. Die Vorstellung, dass sie sich sowohl so präsentierte, wie sie es tat, als auch in ihrem Job eine Koryphäe sein könnte, überstieg das Vorstellungsvermögen einiger Menschen.

Als eine Managerstelle frei wurde und Kimberly sich bewarb, erfüllte sie alle Anforderungen und brachte sogar mehr mit, als in der Stellenbeschreibung gefordert wurde. Sie wurde zu Interviews eingeladen, jedoch bekam sie am Ende das Feedback, dass man sich für jemanden Seriöseren entschieden habe. Und ja, dieses Feedback bezog sich ausschließlich auf ihr Äußeres, denn fragte man Menschen, die schon mit Kimberly gearbeitet hatten, wurde sie durchaus als seriös, erfahren und kompetent beschrieben. An ihrer fachlichen Qualifikation gab es offensichtlich nichts auszusetzen, denn die letztlich ausgewählte Person war auf dem Papier geringer qualifiziert als Kimberly.

Auch von Kritik in der entgegengesetzten Richtung wurde mir berichtet. So war Hannah eine Nachwuchsführungskraft in einem Konzern, die ihr Team erfolgreich und verantwortungsbewusst führte. Sie erhielt permanent gute Rückmeldungen und ihr Team schätzte ihre offene, ehrliche Art sowie ihren Führungsstil. Anders als Kimberly lag ihr allerdings nichts ferner, als sich zu schminken oder die Haare anders zu tragen als im Pferdeschwanz.

Als es dann um eine potenzielle Beförderung Hannahs ging, wurde ihr gesagt, dass sie nicht dem Idealbild einer Führungskraft entspräche, das man gerne sehen wollte. Sie würde sich keine Mühe geben, sie solle sich doch mal »schick machen« und so zeigen, dass ihr etwas an dem Job liege. Ein paar schöne Schuhe, eine moderne Frisur oder mal ein Kleid könnten doch wohl nicht schaden.

Es scheint also völlig irrelevant, ob man nun gerne Make-up auflegt oder darauf verzichtet – es findet sich ein Anlass zur Kritik. Doch nicht nur das: Es findet sich eine Argumentation für die Limitierung der Karriere.

Abgesehen davon, dass man es also offensichtlich nicht richtig machen kann, sollte das auch gar nicht die Intention sein. Idealerweise trennen wir einfach in unseren Köpfen die Verbindung zwischen der Intensität des Make-ups und der Qualifikation einer Person.

Was tun? – »Meine Handtasche hat keinen Einfluss auf meine Kompetenz.«

Es bleibt nur: laut sein und fachliche Kritik einfordern. Wir dürfen es nicht gelten lassen, dass solche Punkte als Argumentation für oder gegen Karrierechancen herangezogen werden. Dass ich hier nicht von grundlegendem Anstand spreche, sollte klar sein. Niemand würde ernsthaft in einer Jogginghose und mit einer Baseballmütze zum Kundentermin mit der Führungsetage gehen. Es geht nicht um die Missachtung einfacher Benimmregeln und Etikette. Wer mit Badelatschen zur Abendgala erscheint, hat offensichtlich kein Feingefühl. Angemessene Kleidung und dem Anlass entsprechendes Auftreten sind selbstverständlich wichtig und sollten für jeden empathischen Menschen Standard sein.

Ich spreche von der Schaffung eines Idealbildes im Kopf der toxischen Männer, dem die Frauen entsprechen müssen, wenn sie bestehen wollen. Und davon, dass selbst dieses Idealbild beliebig variiert wird, je nachdem, was gerade dienlich ist.

Ich habe mir angewöhnt, deutlich zu sagen, dass ich keine Beurteilung meiner Nagellackfarbe, sondern meiner Leistung wünsche. Macht man sein Gegenüber darauf aufmerksam, dass er/sie sich unprofessionell verhält, erhält man in der Regel eine verdutzte Reaktion. Mit der Frage nach fachlicher Kritik bringt man jedoch die Unterhaltung dann wieder auf eine professionelle Ebene.

Sollte all das nicht helfen, bleibt immer noch ein deutliches »Schade, dass du meine tatsächliche Leistung weder erkennst noch anerkennst. Für die Bewertung meines Outfits ziehe ich dann doch lieber Profis zu Rate, aber vielen Dank für das Angebot.«

SEXUELLE BELÄSTIGUNG IST (BERUFS-)ALLTAG

Neben den Geschichten darüber, wie Frauen als inkompetent dargestellt werden, gibt es eine weitere Kategorie, zu der beinahe jede Frau, mit der ich gesprochen habe, etwas berichten kann: sexuelle Belästigung. Besonders Veranstaltungen im beruflichen Kontext scheinen einen häufigen Anlass zu geben, die Kolleginnen, Mitarbeiterinnen und Managerinnen zu sexualisieren.

So wurde mir von Situationen berichtet, in denen ein männlicher Mitarbeiter seiner Kollegin sagte, dass er eine Erektion davon bekomme, dass sie vor ihm laufe. Ich selbst wurde bei einer Weihnachtsfeier von einem Kollegen zu einem Spiel aufgefordert, welches sich als Ausrede herausstellte, meinen Oberschenkel anzufassen – ein Spiel gab es nicht, ich sollte mich neben ihn setzen und er wollte mir »etwas zeigen«, was dann seine Hand auf meiner Haut war.

Doch dies sind die im Vergleich noch harmlosen Geschichten. Leider. So war Celine auf einer beruflichen Veranstaltung mit ihrem Manager Richard. Nach dem Ende der Veranstaltung wurde noch ein Getränk an der Hotelbar bestellt. Als sie schließlich aufbrechen wollte, fragte Richard, was sie sagen würde, wenn er vorschlüge, mit ihr auf ihr Zimmer zu kommen. Celine ignorierte die Frage, tat, als hätte sie es nicht gehört und verschwand auf ihr Zimmer, welches in einem anderen Stockwerk lag als seines. Wenige Minuten später klopfte es mehrfach laut an der Tür. Durch den Türspion sah Celine ihren Kollegen. Sie war so verängstigt, dass sie nicht nur die Tür verriegelte, sondern sich auch im Bad verbarrikadierte. Er war ihr gefolgt und blieb eine gefühlte Ewigkeit vor ihrer Zimmertür stehen, in der Hoffnung, dass sie doch noch öffnete. Er klopfte und rief immer wieder ihren Namen. Dass sie in der Nacht kaum schlief, muss ich wohl nicht erwähnen.

Eine andere Frau, Nancy, berichtete von einem langjährigen Kunden, Hendrick, der eine hohe Position in seinem Unternehmen hatte und mit dem sie in ihrer Rolle als Vertriebsmitarbeiterin eine Geschäftsbeziehung pflegte. Es war üblich, in regelmäßigen Abständen in einem Restaurant gemeinsam zu essen und das Geschäft zu besprechen. Viele Jahre lang lief dies auch ohne weitere Vorkommnisse ab.

An einem Abend – dem letzten gemeinsamen Abendessen der beiden – kam es dann dazu, dass Hendrick völlig unvermittelt Nancy in ihrem Satz unterbrach, sie ansah und ihr sagte: »I want to lick you out.« Ich kann und möchte diese sehr offensive sexuelle Aufforderung nicht wortwörtlich übersetzen, und entschuldige mich für die anstößige Sprache, aber habe mich bewusst dafür entschieden, es nicht abzuschwächen, um die Drastik sexueller Belästigung im Berufsalltag aufzuzeigen.

Nancy reagierte irritiert und frage, was er da gerade gesagt habe. Seine Antwort darauf war, dass er sie nun mal wirklich wolle.

Als Nancy mir von dieser Situation erzählte, stellte sie die Mutmaßung auf, dass Hendrick sie nie respektiert hatte, da Frauen in seinen Augen nicht solche beruflichen Rollen ausfüllen sollten. Mehrmals deuteten seine Kommentare an, dass seine Ehefrau – eine Hausfrau – eine »richtige Frau« sei. Nancy vermutet, dass er sie nicht als zu respektierende Frau wahrnahm, sondern als Teil des »Männerclubs« – dieser Ausdruck fiel wohl auch das eine oder andere Mal und ist schlicht eine andere Formulierung für den bereits besprochenen Boys' Club –, da sie nicht in seine Idealvorstellung einer Frau passte. Und diesen mangelnden Respekt bekam sie an jenem Abend deutlich zu spüren. Er schien davon überzeugt, sich alles erlauben zu können.

Da ich seit über zehn Jahren in der Wirtschaft tätig bin, kann ich von zahllosen Fällen berichten, die ich in meinem Umfeld beobachten musste: die Assistentin, die unangemessene Nachrichten und Bilder von ihrem Manager geschickt bekommt, die Frau, die schnell lernen muss, dass sie nicht wegen ihrer Kompetenz, sondern ihrer Attraktivität eingestellt wurde, die Praktikantin, die den Manager auf eine Dienstreise begleitet, der ein gemeinsames Doppelzimmer bucht. Und es gibt Katharina, die Assistentin des Managers Dominik in der oberen Hierarchieebene.

Dominik hatte eine Affäre mit einer Mitarbeiterin, was innerhalb des Unternehmens kein Geheimnis war. Es war auch nicht die erste Affäre, denn immer, wenn eine Frau für ihn »ausgedient« hatte, wurde diese in eine andere Organisation versetzt, sodass er sich sein nächstes Opfer suchen konnte. Seine Ehefrau allerdings wusste nichts von den Affären – zumindest offiziell. Sie ahnte jedoch wohl davon und war zunehmend misstrauisch, ob die Dienstreisen welche waren oder doch nur ein Vorwand für Zeit mit anderen Frauen.

In ihrer Not suchte Dominiks Frau nach Antworten und landete bei Katharina. Seit einigen Monaten bekam Katharina regelmäßige Anrufe von

Dominiks Frau, in denen sie weinend fragte, ob Dominik eine Affäre habe. Sie solle bestätigen oder verneinen, ob er gerade auf Dienstreise sei, sie solle ihr bitte die Wahrheit sagen.

Dominik hingegen machte Katharina klar, dass Katharina gefeuert werden würde, wenn seine Frau von seiner Affäre erfahren würde, da sie es nur von ihr wissen könnte – alle anderen würden schließlich schweigen. Er würde dann zudem dafür sorgen, dass sie am Markt bei allen relevanten Arbeitgebern verbrannt sei und keine adäquate Stelle mehr finden würde.

Seine Affären wiederum fallen meines Kenntnisstandes nach auf seine Versprechungen herein, er würde seine Frau für sie verlassen, und sind tatsächlich immer davon überzeugt, dass die Verbindung eine besondere sei. Bisher blieb dies aber Fiktion, denn sobald eine der Frauen zu viele Ansprüche hatte oder nicht mehr seinen Erwartungen entsprach, wurde sie ausgetauscht.

Einen anderen Bericht hätte ich von Nora. Sie erzählte mir, dass sie bei einer Betriebsversammlung gewesen sei, und dass vor Beginn der Veranstaltung der Vorstandsvorsitzende sie und andere Frauen in den vorderen Reihen lüstern von oben bis unten begutachtet habe. Die Blicke schienen so eindeutig gewesen zu sein, dass mehrere Frauen so unangenehm berührt reagierten, dass sie in die hinteren Reihen wechselten. Jener Vorstand ist dafür bekannt, seine Machtposition dafür zu nutzen, um Frauen zu Sex zu überreden – dermaßen bekannt, dass beinahe jede Mitarbeiterin in seinem Umfeld schon davor gewarnt wurde.

Eine andere Situation konnte ich selbst beobachten, und sie lässt mir noch heute Schauer über den Rücken laufen: Stephan war Manager bei einem meiner Arbeitgeber und brachte eine neue Mitarbeiterin ins Unternehmen, Romy. Er besorgte ihr eine Stelle in seinem Team, obwohl sie auf den ersten Blick nicht zu dem gesuchten Stellenprofil passte. Ihr fehlte das geforderte Studium sowie jegliche relevante Berufserfahrung, trotzdem vertraute man Stephans Personalauswahl und sie trat die Stelle an. Schnell wurde deutlich, dass er sich während der Vorstellungsgespräche in Romy verliebt hatte, was aber nicht auf Gegenseitigkeit beruhte. Er hatte offensichtlich die Hoffnung, sie mit der Zusage für sich zu gewinnen. Jedoch ging der Plan nicht auf und so beobachtete ich mit anderen Kolleg:innen, die der Situation einigermaßen nahe waren, Machtausübung und fragwürdige Handlungen, die am Arbeitsplatz definitiv nichts zu suchen haben.

Nachdem Romy ihm wohl klargemacht hatte, dass sie sich nicht auf eine Beziehung mit ihm einlassen würde, ließ Stephan sich zu Handlungen hinreißen, die einigen Mitarbeitenden zwar auffielen, die aber niemand zu Beginn so recht wahrhaben wollte. So fuhr er Romy unter Nennung abstruser Gründe nach der Arbeit nach, tauchte unangemeldet in ihrem privaten Umfeld auf, zitierte sie während der Arbeitszeit oft für stundenlange Gespräche in sein Büro – ohne triftigen Grund, versteht sich – und seine Handlungen hinterließen einen faden Beigeschmack, der gefährlich nah am Straftatbestand »Stalking« war. Die Geschichte endete mit einer von ihr erbetenen Versetzung, als Stephan final zu realisieren schien, dass aus den beiden kein Paar werden würde, und wütend wurde.

Dass ein toxischer Mann so weit geht, ohne ein Verständnis dafür, dass sein Verhalten offensichtlich falsch ist, zeigt, wie wenig Bezug zur Realität teilweise bei diesen Menschen vorliegt. In seiner Welt gehörte sie ihm, und seine Handlungen waren seiner Meinung nach berechtigt, sodass er kein Bedürfnis verspürte, sie vor seinen Kolleg:innen und Mitarbeitenden zu verstecken. Ganz offen zeigte er: Sie hatte ihm den Job zu verdanken, also hat er Anspruch auf sie.

Ein anderer Mann, Erik, berichtete mir einmal mit geschwollener Brust, dass er nach einem erfolgreichen Vertragsabschluss von seinem Manager »wie in den guten alten Zeiten« in ein Striplokal eingeladen worden sei, und als Belohnung einen Lap Dance spendiert bekommen hatte. Zur Verdeutlichung führte er mir pantomimisch vor, wie die Stripperin seine Krawatte zwischen ihren Beinen rieb. Und ich weiß bis heute nicht, was mich mehr verstörte: die Tatsache, dass er die Geschichte ohne Scham erzählte oder dass er vor mir diese Bewegungen nachspielte.

Romana erzählte von einer Geschichte, die sich zum Anfang ihrer Karriere zutrug. Sie war in einer Fabrik in einem Bürobereich tätig, wo alle Mitarbeitenden die gleiche Berufskleidung trugen. Die weibliche »Uniform« bestand nicht aus einer Hose, sondern einem Rock. In diesem Unternehmen gab es einen berüchtigten Mann in der Rolle eines Weisungsbefugten, über dessen unangebrachtes Verhalten man sprach. So stand dieser Mann zum Beispiel oft an einem Fleck, an dem er nach oben durch Treppen schauen konnte, sodass er unter die Röcke der über die Treppen laufenden Frauen blickte.

Einmal rief er Romana in sein Büro, saß breitbeinig da und verschränkte die Hände hinter dem Kopf. Mehrfach forderte er sie auf, ihm ihre Beine zu zeigen. Anfangs lehnte sie ab, doch nachdem er immer penetranter wurde und sagte, dass er sie erst gehen ließe, wenn sie den Rock hochgeschoben hätte, sodass sie es mit der Angst zu tun bekam, gab sie schließlich nach, hob ihren Rock an und zeigte ihre Beine. Nach einiger Zeit mit sich häufenden Vorfällen mit diesem Mann nahm Romana all ihren Mut zusammen und meldete ihn. Jedoch war die Reaktion ernüchternd: Der Vorstandsvorsitzende des Unternehmens sagte ihr, dass sie nicht spinnen solle, es so etwas in diesem Unternehmen nicht gäbe und sie in Zukunft still sein sollte, wenn ihr etwas an ihrem Job läge.

In einem anderen Unternehmen war Nick im hohen Management tätig. Er hatte große Ambitionen und wollte Teil des nächsten Vorstandes werden. Nick hatte sich ein Team aufgebaut, das einzig und allein für seinen Erfolg und sein Wohlergehen zuständig war. So kümmerten sich zahlreiche Assistentinnen, eine Sekretärin, einige Projektmanagerinnen und einige weitere Mitarbeiterinnen um ihn, lasen ihm jeden Wunsch von den Augen ab. Und ja, die weiblichen Formen sind hier bewusst gewählt, denn während in den fachlichen Teams unter ihm fast ausschließlich Männer arbeiteten, stellte er mit Vorliebe schlanke, blonde, schöne, große Frauen ein, wenn es um sein direktes Team ging. Die Mitarbeiterinnen hatten noch etwas anderes gemein: Keine war fachlich für diese Branche oder ihre Stelle qualifiziert. Das war bewusst so von Nick gewählt, denn so konnte er immer wieder kleine Kommentare fallen lassen, die zeigten, dass sie ihm dankbar sein sollten, da sie ohne ihn diese Jobs niemals bekommen hätten. Das Gehalt war gut, vermutlich besser als in Jobs, für die sie qualifiziert waren, daher traf er mit seinen Kommentaren einen Nerv und man war ihm gegenüber unterwürfig. Diese Macht wusste Nick auszunutzen – angefangen bei expliziten Bildern, die von ihm an beinahe jede der Mitarbeiterinnen verschickt wurden, über After-Work-Events in Striplokalen, in die er mit Vorliebe seine gutaussehenden Mitarbeiterinnen einlud, bis hin zu Verlängerungen der Dienstreisen, um in Wellnesshotels ein »Team Building« durchzuführen – Nick missbrauchte seine Macht rigoros und der allgemeine Tonus im Team war, dass man dennoch dankbar sein müsse, denn sowas gäbe es ja vermutlich überall, aber so einen gut bezahlten Job bekomme man eben nicht so leicht. Außerdem machte er allen Hoffnungen, dass, sobald er nur den Vorstandsposten habe, alle die ihm hörig waren, mitkommen dürften und somit einen noch besser bezahlten Job in Aussicht hatten. Leider muss ich hier wieder zur Wahrung der Anonymität aufhören, kann aber so viel verraten: Nick bekam den Vorstandsposten nicht.

Manchmal zeigt sich die sexuelle Belästigung auch weniger plakativ, sondern nur virtuell. So erzählte mir Daria zum Beispiel von einem Workshop mit mehreren hundert Teilnehmenden, den sie leitete. Es handelte sich um eine rein virtuelle Veranstaltung mit Videoübertragung, sie war unter anderem für die Anmoderation zuständig. Es gab dabei einen Chat, mit dem man entweder alle Teilnehmer:innen öffentlich oder Einzelne privat anschreiben konnte. Während ihrer Moderation sendete ein Kollege eine Nachricht, die offensichtlich nur für Daria gedacht, aber anscheinend aus Versehen öffentlich gesendet worden war: »Ich habe es wirklich versucht, aber bei deinem Anblick kann ich mich nicht auf die Arbeit konzentrieren.« Daria war peinlich berührt, aber sie tat, als hätte sie die Nachricht nicht gelesen und moderierte weiter. Als ihr Redeanteil beendet war, schaltete sie die Kamera aus. Im Anschluss an den Workshop meldete Daria die Angelegenheit ihrem Manager, welcher aber keinerlei Konsequenzen anstieß, denn es sei ja nichts passiert.

Dass auch solche Äußerungen belästigend sind und speziell im Arbeitsumfeld nichts zu suchen haben, sollte eigentlich allen bewusst sein, dennoch werden sie viel zu häufig abgetan und belächelt. Man solle sich geschmeichelt fühlen und für das nett gemeinte Kompliment bedanken, hört man dann oft.

Eine weitere Geschichte: Bella wurde von Phil eingestellt. Sie hatte ein überdurchschnittlich gut abgeschlossenes Studium, all ihre Arbeitszeugnisse waren hervorragend und in den Vorstellungsgesprächen positionierte sie sich herausragend. Jedes Unternehmen konnte sich glücklich schätzen, eine Mitarbeiterin wie Bella an Bord zu haben, und so startete sie die Einarbeitung und übernahm die ersten Projekte.

Bella war auch in diesem Unternehmen erfolgreich und Phil war begeistert von ihrer Arbeitsleistung, was er ihr auch mitteilte und in den schriftlichen Leistungsbeurteilungen entsprechend festhielt. Alles schien gut zu laufen, Bella lebte sich in das Team ein und schon bald stand ein Teamevent in einer Bar an, um einen erfolgreichen Projektabschluss zu feiern. Bella freute sich auf den Abend mit ihrem Team und Phil spendierte die erste Runde Getränke. Nach einigen alkoholhaltigen Getränken wurde Phil aufdringlich: Er legte seine Hand auf Bellas Bein, rückte immer näher und sagte ihr, wie gut sie heute Abend aussehe. Bella ging auf Abstand und verabschiedete sich nach kurzer Zeit unter dem Vorwand, dass sie nach Hause zu ihrer Katze müsse.

Daraufhin verschwand Phil aus der Runde, um Bella dann vor der Tür der Bar abzufangen. Er fing an, sie zu sich zu ziehen und sagte ihr, dass er sie mit nach Hause nehmen wolle, dass sie ihm ja wohl bewusst den Kopf verdreht habe und es darauf anlegen würde. Bella stieß ihn weg und begab sich auf den Heimweg.

Am nächsten Tag ging sie mit einem flauen Gefühl im Magen zur Arbeit, und ihr Gefühl sollte Recht behalten: Phil hatte ihr am frühen Morgen bereits einen Termin eingestellt. Das Meeting sollte in seinem Büro stattfinden, mit ihnen beiden als einzige Teilnehmende. In seinem Büro bat Phil Bella, sich zu setzen. Er habe ein ernstes Thema mit ihr zu besprechen: Er sei mit ihren Leistungen unzufrieden, sie entsprächen nicht den Erwartungen und, würde sich ihre Leistung nicht grundlegend verbessern, würde er sich gezwungen sehen, andere Schritte einzuleiten.

Bella war fassungslos und suchte das Gespräch mit Phils Manager, welcher ihr aber nur entgegnete, dass Phil ihm schon mitgeteilt habe, dass ihre Leistungen unterdurchschnittlich seien, sie sich also lieber auf ihren Job konzentrieren solle als darauf, Unruhe zu stiften. Bella verließ kurz darauf das Unternehmen.

Diese Geschichten sind die Spitze eines erschütternden Eisbergs. Und es drängt sich die Frage auf, warum ein so verbreitetes Problem scheinbar nicht angegangen wird. Wieso werden solche Vorfälle so selten gemeldet, ernstgenommen und geahndet?

Die Antwort darauf ist traurig wie ernüchternd: Toxische Männer in Machtpositionen vermitteln ihren Opfern oft, dass sie ohnehin keine Chance haben gegen sie. Ihnen würde nicht geglaubt werden, die Täter hätten zu gute Verbindungen, man schütze sich gegenseitig und die Opfer würden, indem sie solche Vorfälle ansprechen, nur ihren Job riskieren. Der Gottkomplex ist unter toxischen Männern weit verbreitet, und man begegnet hier entsprechend häufig solchen Männern, die nicht nur von ihrer eigenen Unantastbarkeit überzeugt sind, sondern denen die Vergangenheit genau dies eben auch bestätigt hat.

Schweigend wird hingenommen, wenn der Manager seine Finger nicht bei sich behalten kann. Dem Opfer wird eine Versetzung angeboten – war es ein außergewöhnlich brisanter Vorfall, dann möglichst im Rahmen einer Beförderung oder Gehaltserhöhung, um sich das Schweigen zu sichern. Ich selbst habe sicher mehr als fünfzig Frauen erlebt, die Opfer oder Zeugin eines solchen Verhaltens wurden, aber gleichzeitig so eingeschüchtert waren, dass sie es nicht offiziell angesprochen haben.

Und solange diese Männer geschützt werden, man über den Missbrauch der Machtpositionen und über Affären am Arbeitsplatz hinwegsieht, es so viele Beispiele gibt, in denen Frauen Nachteile erleiden, wenn sie solche Situationen doch melden, solange werden Opfer von sexuellem Missbrauch im Arbeitskontext weiterhin schweigen.

Sexueller Missbrauch ist in der Arbeitswelt fast schon salonfähig. Es ist beinahe schick, seine Machtposition auszunutzen und herauszufinden, wie weit man mit Weisungsbefugten gehen kann. Das betrifft absolut nicht alle Manager – aber ich bin mir sicher, dass alle mit etwas Berufserfahrung schon mindestens Zeuge einer solchen Situation wurden.

Besonders hinweisen möchte ich hier auf den Aspekt des Machtmissbrauchs, der häufig Frauen das Gefühl gibt, sie müssten mitspielen. Der toxische Mann signalisiert deutlich, dass er am längeren Hebel sitzt. Das kann einschüchternd wirken, und dann besteht bei Frauen, die ebenfalls mit diesen toxischen Menschenbildern sozialisiert wurden, die Reaktionsweise oftmals darin, sich unterzuordnen und nachzugeben.

Das Phänomen, dass durchschnittlich attraktive Superstars erst durch ihre Bekanntheit und ihre Macht sich plötzlich vor Avancen nicht mehr retten können, zeigt sich in ähnlicher Form auch im Arbeitskontext. Im Zusammenhang mit ihrer beruflichen Stellung bekommen toxische Männer plötzlich Aufmerksamkeit, die sie vorher nicht hatten. Je mehr sie mit ihrer Macht und ihrer Position kokettieren, desto wahrscheinlicher wird es, dass sich Frauen auf sexuelle Gefälligkeiten einlassen, zu denen sie ohne jene Position keinen Zugang gehabt hätten. Das Ausnutzen der eigenen Machtposition für solche Handlungen ist selbstverständlich verwerflich, aber gängig.

Was tun? – »Macht legitimiert keine Grenzüberschreitungen.«

Um es einmal ganz deutlich zu sagen: Bei sexueller Belästigung gibt es keine Grauzone. Übergriffe haben generell im Leben nichts zu suchen, und in der Arbeitswelt erst recht nicht. Wer sich mit übergriffigen Handlungen und Belästigungen konfrontiert sieht, sollte nicht zögern, das Verhalten zu melden.

Schwieriger wird es, wenn man mit Menschen zu tun hat, die ihre Macht immer wieder ohne Zögern auf die bereits beschriebene Art missbrauchen. In diesem Falle halte ich es für sinnvoll, sich Rückhalt im Umfeld zu suchen. Gibt es Menschen im Umfeld, Team oder Unternehmen, mit denen man ein besonderes Vertrauensverhältnis hat und mit denen man offen sprechen kann? Gibt es eine Instanz, die sich auf solche Fälle spezialisiert hat? Hat das Unternehmen eine Ombudsperson, einen Betriebsrat, Psycholog:innen, eine Compliance-Abteilung oder kann man Fälle zunächst anonym melden? Manche großen Unternehmen haben eine externe Stelle, an die man sich wenden kann, die mit internen Ressourcen zusammenarbeitet.

Wichtig ist, nicht still zu sein, sich seines Wertes und seiner Grenzen bewusst zu sein, zu verinnerlichen, dass die eigenen Grenzen richtig und wichtig sind, und letztendlich auf seinen Bauch zu hören, wenn es darum geht, wem man sich anvertrauen möchte. Niemand sollte ein solches Verhalten dulden oder schlucken müssen. Je lauter die Opfer, desto enger wird es für die Täter:innen!

DIE QUOTENFRAU

Sie ist nicht qualifiziert, aber weiblich. Sie hat keine relevante Erfahrung, aber Brüste. Sie leistet keinen Beitrag, aber erspart eine lästige Diskussion – so oder so ähnlich wurde sie mir im Rahmen meiner Recherche immer wieder beschrieben: die Quotenfrau. Der Begriff findet so häufig und gerne Anwendung, dass es anscheinend schon keine richtige Abgrenzung mehr gibt, wann eine Frau aus eigener Kraft eine Stelle bekommen hat und wann sie ihr zugeschoben wurde.

Doch heißt eine Quote denn immer, dass die Frau unqualifiziert ist? Und ist jede Besetzung, die nicht durch eine Quote gesteuert wurde, immer qualifiziert? Die Antwort lautet: klar und deutlich NEIN. Die Quote ist aus meiner Sicht gut und notwendig.

Ein Grund dafür ist unsere Vorbildfunktion für die nachfolgenden Generationen. Hier führe ich gerne mein Patenkind an: Als Grundschülerin hatte sie in ihrem Leben schon viele Berufswünsche, und ich bin mir sicher, dass noch einige folgen werden, was schön ist und zur Persönlichkeitsbildung gehört. Allerdings fällt mir immer wieder auf, dass ihre Ideen davon, was sie werden möchte, ein anderes Spektrum aufweisen als bei mir in ihrem Alter.

Wie zu Beginn erwähnt, wuchs ich in einem Akademikerhaushalt auf. Ich hatte unmittelbare Vorbilder, die mir vorgelebt haben, dass ich studieren und beruflich viel erreichen kann. Dennoch entsprach es nie meiner Vorstellung, einmal einen Job im Technologiebereich zu haben. Meine Ideen beschränkten sich auf Branchen, in denen ich Frauen kannte. Und während mein Patenkind davon träumen kann, Astronautin oder Feuerwehrfrau zu werden, wäre das in meiner Kindheit ganz weit weg gewesen. Als sie mir wie selbstverständlich mitteilte, dass sie einmal Managerin in der IT werden würde, erkannte ich den Wert von Vorbildern klarer als je zuvor.

Dass ich letztlich in der Technologiebranche gelandet bin, hätte ich vor Beginn meiner beruflichen Laufbahn nicht erwartet. Dass mein Patenkind das aber als Option für sich selbst sieht, macht deutlich, wie wichtig es ist, dass wir Frauen sichtbar machen, die dann als Vorbilder für die nachfolgenden Generationen agieren. Die in unseren Köpfen verankerten Klischees schaffen wir nicht ab, indem wir ausschließlich männliche Vorstände in männerdominierten Branchen platzieren, sondern indem wir dafür sorgen, dass Gallionsfiguren in Form von diversen Leader:innen eine Bühne bekommen.

Zudem ist die deutsche Wirtschaft leider noch sehr rückschrittlich bei familienfreundlichen Arbeitsbedingungen. Männer in Elternzeit ist nach wie vor eine Seltenheit, und von vielen der Männer, die es doch getan haben, hörte ich, dass sie schräg angeschaut wurden oder es negativ kommentiert wurde. Klassischerweise arbeitet in unserer Gesellschaft heute bei heterosexuellen Ehepaaren mit Nachwuchs die Frau in Teilzeit und kümmert sich um die Kinder, während der Mann Karriere macht. Dass es auch anders geht, machen uns einige Länder schon vor, aber hierzulande gilt weiterhin, dass es einfacher und weniger umständlich ist, einen Mann in Vollzeit in eine Führungsrolle zu befördern. Erst mit einer Quotenregelung, die dann auch andere Arbeitszeitmodelle erforderlich macht, hat das Unternehmen keine andere Wahl mehr als eine Anpassung der Rahmenbedingungen.

Ich bin davon überzeugt, dass sich die Arbeitsmodelle erst ändern, wenn wir Unternehmen keine andere Wahl mehr lassen. Um die deutschen Unternehmen flexibler, familienfreundlicher und diverser zu gestalten, muss klar werden, dass diese Veränderung nicht optional ist, sondern zwingend erforderlich. Und mit diverseren Menschen werden letztendlich auch die Bedürfnisse diverser, auf die dann eingegangen werden muss.

Im Rahmen meiner Recherche fand ich viele solcher Quotenfrauen. Ironischerweise war keine Einzige dabei, die ich als unqualifiziert beschreiben würde. All die Frauen, mit denen ich sprach, waren intelligent, kompetent und hatten mindestens genauso hart für ihre Position gearbeitet wie ihre männlichen Kollegen – wenn nicht sogar mehr.

Nehmen wir Mette zum Beispiel. Sie ist eine beruflich äußerst erfolgreiche und ambitionierte Frau. Nach ihrem Studium fand sie schnell den Einstieg in die Pharmabranche und bevor sie sich versah, ging es für ihre Karriere steil bergauf. Schon bald sollten die ersten Führungsrollen folgen, welche Auslandsaufenthalte und Sichtbarkeit mit sich brachten. Nach kurzer Zeit war ihr Name in der Branche bekannt und so kam es, dass ein deutscher Verband sie als Repräsentantin anfragte.

Mette sagte zu, ohne eine genaue Vorstellung zu haben, was sie erwarten würde. Und direkt beim ersten Treffen wurde klar, welche Rolle sie ausfüllen sollte. Es ging nicht etwa um ihre Expertise oder Mitbestimmung ihrerseits, in welche Richtung man sich als Industrie entwickeln würde. Sondern Mette war als Quotenfrau an Bord geholt worden.

Im gesamten Verband war sie die einzige Frau. Es war eine strategische Entscheidung gewesen, sie als Mitglied zu werben. Statt sie als Vorbild und Magnet einzusetzen, um den Verein attraktiver für andere Frauen zu machen, oder sie nach ihren Ideen und Visionen zu fragen, war sie in den Augen der Männer nichts weiter als ein Aushängeschild. Richtig bewusst wurde ihr das spätestens, als sie zu den Fototerminen eingeladen wurde, wo ihr gegenüber offen kommuniziert wurde, dass man eine Frau im Bild bräuchte. Darauf sollte sich ihr Engagement dann auch beschränken – zumindest wenn es nach ihren Verbandskollegen ging. Leider ist sie alles andere als ein Einzelfall.

Auch Fiona konnte mir eine Geschichte zu dem Thema erzählen. Sie bestach durch eine vorbildliche Arbeitsmoral, gepaart mit einem beeindruckenden Lebenslauf und herausragenden Soft Skills. Schnell erhielt sie das Angebot, bei einem Fortune-100-Unternehmen zu arbeiten. In einem männerdominierten Arbeitsumfeld fiel sie sowohl durch ihr Geschlecht als auch durch ihre durchaus auffallend souveräne Konfliktlösungskompetenz auf. Jedes von Fiona geführte Team war effektiv, effizient und überdurchschnittlich engagiert. Sie war gut darin, Menschen zu motivieren, ihnen eine Vision zu vermitteln und ihre Mitarbeitenden mit Spaß und Leidenschaft zum Ziel zu führen.

So dauerte es nicht lange, bis die Vorstandsetage auf Fiona aufmerksam wurde und sie zum Gespräch bat. Es sollte ein neuer Standort aufgebaut werden, man bräuchte jemanden mit ihren Kompetenzen und Erfahrungen. Fiona willigte ein und begann mit der großen, verantwortungsvollen Aufgabe. Doch obwohl sie durch herausragende Leistungen und jahrelangen Einsatz ihren Karriereweg selbst geebnet hatte, um schließlich diese verantwortungsvolle Aufgabe zu erhalten, musste sie sich diversen unangebrachten Fragen stellen.

Einige Neider, die diese Chance nicht angeboten bekommen hatten, unterstellten Fiona, als Quotenfrau doch nur Glück gehabt zu haben. Ein Kollege scherzte, dass er sich einen BH kaufen würde, um auch mal so eine Beförderung abzustauben. Ein anderer fragte sie, ob sie sich nicht schäme, so bevorteilt zu werden – und das alleinig aufgrund ihres Geschlechts. Es scheint also völlig irrelevant zu sein, wie hart Fiona für die Beförderung gearbeitet hatte. Man ging davon aus, dass sie eine Quote erfüllen sollte und traute ihr nicht zu, dass sie durch Leistung positiv aufgefallen war.

Die Kehrseite der Medaille zeigt Larissas Geschichte: Sie ist ein Beispiel dafür, dass Unternehmen von Quoten dazu gezwungen wären, die Arbeitsbedingungen für diversere Kandidat:innen anzupassen und somit eine fairere Ausgangssituation für alle zu schaffen. Larissa war wie Fiona eine Führungskraft in einem Konzern, der immer weniger divers aufgestellt war, je höher man in die Hierarchieebene ging. Frauen oder Männer, die nicht so aussahen und nicht den gleichen Hintergrund hatten wie die Männer im Vorstand, suchte man ab einer gewissen Ebene vergebens. Larissa hatte große Karrierepläne und war bisher sowohl mit ihrem Erfolg als auch ihrer Zielstrebigkeit aufgefallen. Doch trug sie – wie wir vermutlich alle – auch ihr Päckchen mit sich herum. Larissas Privatleben forderte sie stark: Ihre Mutter war erkrankt, ihr Kind ging in einen Kindergarten und ihr Mann hatte ebenfalls einen verantwortungsvollen und fordernden Job inne. Die zwei hatten sich so arrangiert, dass sie abwechselnd das Kind aus dem Kindergarten abholten und die Pflegebesuche bei Larissas Mutter übernahmen.

In Larissas bisherigem Job war das auch umsetzbar gewesen, denn sowohl ihr Team als auch ihr Manager wussten, dass sie ihre Mittagspause an manchen Tagen verlängerte, um sich um ihre privaten Angelegenheiten zu kümmern, an diesen Tagen dafür aber länger erreichbar war. Auf ihre Stunden kam Larissa allemal, und sowohl für sie als auch für ihren Mann war der Alltag gut bewältigbar. Trotz des Familienmodells fiel Larissa immer durch überragende Leistungen auf.

Bald wurde eine Stelle frei, die sich über ihrer Hierarchiestufe befand. Larissa hob die Hand und bewarb sich, auch angetrieben von ihrem Team und einigen anderen Kolleg:innen, die alle zustimmten: Larissa war die bestmögliche Kandidatin und auf dieser Position eine absolute Bereicherung für das Unternehmen, da sie weit mehr Einfluss haben würde als bisher, und dass das Unternehmen Menschen wie sie brauchte.

Im Vorstellungsgespräch ging es allerdings weniger um Larissas Qualifikationen als um ihre privaten Umstände. So musste sie Fragen beantworten, die sich um ihr Kind drehten, ihren Ehemann, ihre kranke Mutter und darum, ob sie denn jeden Tag eine Mittagspause bräuchte. Man hätte schon gewisse Anforderungen an die Stelle, und es sei ja unfair, wenn sie die einzige auf dieser Hierarchieebene wäre, die alle anderen ausbremste, weil sie mittags zum Kindergarten fuhr, sodass man die Termine nach ihr richten müsste. Letztendlich entschied man sich für Aaron, der zwar weniger qualifiziert war als Larissa, aber auch mittags an Meetings teilnehmen konnte.

Wäre das Unternehmen durch eine Quote gezwungen gewesen, eine Frau einzustellen, wäre die Wahl sicher auf Larissa gefallen. Sie war nicht nur fachlich qualifiziert und brachte alles mit, was sie in der Position erfolgreich machen würde – sie war auch die einzige Bewerberin. Die Frage ist also, warum Unternehmen immer noch auf so talentierte und fähige Bewerber:innen verzichten, um stattdessen lieber bei der Auswahl der Kandidat:innen Kompromisse einzugehen, statt die Rahmenbedingungen zu verändern, um auch Menschen mit anderen Hintergründen und Lebensmodellen eine Chance zu geben.

Alles in allem zeichnet sich ein klares Bild ab: Einerseits werden Unternehmen, die die Rahmenbedingungen nicht verändern, auf die besten Bewerber:innen verzichten müssen. Und leider sehen wir seit vielen Jahren, dass ohne eine Quote hier in Deutschland relativ wenig passiert und sich häufig gegen die besten Kandidat:innen entschieden wird, um die bequemen und etablierten Standards aufrechterhalten zu können. Andererseits wird mit dem Wort »Quotenfrau« um sich geworfen, als stünde es für unqualifizierte Frauen, die nur durch Glück und Quoten überhaupt Erfolg haben können.

Die traurige Wahrheit ist aber nun mal, dass auch bei herausragenden Leistungen und überdurchschnittlichem Einsatz der Weg zu bestimmten Positionen verschlossen bleibt.

Was tun? – »Eine Gruppe zu repräsentieren, ist wichtig, und es schafft Mehrwert und Vorbilder.«

Den negativen Beigeschmack des Wortes »Frauenquote« gilt es loszuwerden. Es ist kein Instrument, um unqualifizierten Frauen einen Job zuzuteilen, den sie im normalen Interviewprozess nicht bekommen hätten. Vielmehr geht es darum, Unternehmen dazu zu bringen, außerhalb ihres üblichen Einstellungsschemas aktiv zu werden und die in der Zukunft so dringend nötigen Rahmenbedingungen zu schaffen.

Wer also aufgrund einer Quote in eine Position kommt, ist nicht bemitleidenswert, sondern Vorreiter:in für die neue Arbeitswelt und kann möglicherweise für nachkommende Mitarbeitende Wege bereiten und Arbeitskulturen positiv beeinflussen. Ich appelliere also an alle Frauen, sich nicht vor dem Dasein als Quotenfrau zu scheuen.

Bekommt man wie Fiona vorgeworfen, nur durch eine Quote einen Job erhalten zu haben, aber unqualifiziert zu sein, muss man sich erst einmal bewusst machen, dass man keine Nachweispflicht hat. Sich zu rechtfertigen, erweckt eher den Eindruck, dass das Gegenüber einen wunden Punkt getroffen habe, gibt also dem Gegenüber das Gefühl, dass diese Spekulationen rechtens seien. Ich rate hier zu klaren Grenzen: »Es ist schade, dass du das Gefühl hast, diese Managemententscheidung hinterfragen zu müssen und Gründe dafür zu suchen, deine Vermutung zu untermauern. Ich verwende meine Energie lieber darauf, hier erfolgreich meinen Job auszuüben.« Letztlich sagen solche falschen Anschuldigungen auch nur mehr über die fragenden Personen aus als über die tatsächlichen Begebenheiten.

Unterm Strich ist selbst diese vermeintliche Horrorvorstellung, die hinter der Ablehnung einer Quote steckt, absolut zu verkraften. Sollte doch tatsächlich mal eine unqualifizierte Frau von der Quote profitieren und eine Position erhalten, die sie auf »normalem« Wege nicht bekommen hätte, ist sie sicherlich in guter Gesellschaft: Ich kann aus eigener Erfahrung sicher sagen, dass auch unter den Männern immer mal wieder jemand eine Position innehat, für die er nicht ansatzweise qualifiziert ist.

Oft kam bei den Interviews im Rahmen der Recherche zu diesem Buch auch die Frage auf, warum andere Quoten nicht auch im Gespräch seien: »Warum gibt es keine Quote für Migrant:innen, Altersgruppen, LGBTQIA+, ...?« Die Frage ist natürlich berechtigt, jedoch bin ich davon überzeugt, dass eine Frauenquote durch die beschriebenen Effekte auch für andere marginalisierte Gruppen Türen öffnet. Sind die Rahmenbedingungen erst einmal gelockert, profitieren viele Menschen davon.

Weiterhin muss man beachten, dass gewisse Faktoren nicht so leicht messbar sind wie das Geschlecht. Es ist weder umsetzbar noch erstrebenswert, dass Menschen ihre Sexualität outen oder ihre Familiengeschichte inklusive Einwanderungsfällen im Stammbaum offenlegen müssen, um solche Quoten erfolgreich einzuführen und durchzusetzen. Als Frau gelesen zu werden, kann man hingegen schwer umgehen, was somit auch die Messbarkeit gewährleistet. Und noch einmal: Müssen Unternehmen ihre Rahmenbedingungen erweitern, werden viele Gruppen davon profitieren. Beinahe alle marginalisierten Gruppen haben bessere Chancen auf eine vielversprechende Karriere, wenn die hohen Managementpositionen nicht homogen besetzt werden.

EMPATHIE, KRITIKFÄHIGKEIT UND ANDERE WEIBLICHE EIGENSCHAFTEN

Empathisch, offen für Feedback, zwischen den Zeilen lesen können – es gibt viele Eigenschaften, die per se erst einmal Frauen zugeschrieben werden. Jedoch gibt es bei dem Thema der »weiblichen Eigenschaften« eine weitere Ebene: Die Zuordnung als weibliche Eigenschaft ist meist alles andere als wertfrei.

Oft hört man von Managern, die Frauen einstellen, um ihren eigenen Mangel an Soft Skills zu kompensieren. Doch hinter diesen Handlungen steckt mehr als die Reflexion der eigenen Defizite: Diese Fähigkeiten und Eigenschaften werden als unwichtig abgewertet. Wie kommt es aber, dass entsprechende Eigenschaften speziell Frauen zugeschrieben werden?

Die Vorstellung, dass bestimmte Fähigkeiten »weibliche Fähigkeiten« seien, hat ihre Wurzeln in Geschlechterstereotypen und kulturellen Normen, die Geschlechterrollen aufgrund des wahrgenommenen Geschlechts zuweisen. Diese Geschlechterrollen und -erwartungen werden oft schon in jungen Jahren vermittelt, sie können sich in der Gesellschaft und der jeweiligen Persönlichkeit tief verankern.

So wird beispielsweise von Frauen erwartet, dass sie fürsorglich und emotional sind, aber von Männern, dass sie stark und emotionslos sind. Dies führt zu der Vorstellung, dass Fähigkeiten wie Fürsorge, emotionale Intelligenz und Empathie »weibliche Fähigkeiten« seien und dass diese Fähigkeiten bei Männern nicht geschätzt, ausgeprägt oder als wichtig angesehen werden.

Toxische Männer möchten aufgrund kultureller Überzeugungen und Geschlechterstereotypen, die Weiblichkeit mit Schwäche und Minderwertigkeit in Verbindung bringen, nicht als »weiblich« angesehen werden. Diese Stereotypen wurzeln in patriarchalischen Überzeugungen, die traditionelle Formen der Männlichkeit idealisieren und jeden Ausdruck von Weiblichkeit verhindern. Für viele Männer ist die Angst, als »weiblich« wahrgenommen zu werden, mit der Überzeugung verbunden, dass es wünschenswerter und wertvoller ist, männlich zu sein. Dies kann zu Anpassung an traditionelle Geschlechternormen und -erwartungen führen, einschließlich der Unterdrückung von Emotionen oder der Vermeidung von Aktivitäten und Interessen, die traditionell mit Frauen in Verbindung gebracht werden. Das wiederum kann zu einer Fokussierung auf körperliche Stärke, emotionale Kälte und Dominanz führen.

Somit wird ein toxischer Mann nicht offen und interessiert auf Feedback reagieren, da dies »weibliche Eigenschaften« voraussetzen würde, sondern abblocken, defensiv und feindselig reagieren, und nicht verstehen, welches Wachstumspotenzial darin liegt, sich mit solchen Reflexionen auseinanderzusetzen.

Ein Beispiel aus meinem Berufsleben: Im Rahmen eines Projektes arbeitete ich mit mehreren Kolleg:innen aus einem Parallelteam zusammen. In der Projekthochphase waren alle angespannt. Währenddessen erhielt ich von einer der Projektverantwortlichen eine E-Mail, die eher ruppig und unfreundlich geschrieben war, und ich bat darum, künftig mehr auf den Ton der Nachrichten zu achten. Bevor sie die Möglichkeit hatte, auf meine Nachricht zu antworten, antwortete Carlo, der Manager der Mitarbeiterin, dass er sich für das »Feedback« bedanke (ja, er setzte das Wort Feedback in Anführungszeichen) und schrieb dann, dass er das Gespräch hiermit beende, indem er mir mitteilte, dass er keinen falschen Ton feststellen konnte. Er hatte nicht nur das Bedürfnis, sich einmischen zu müssen, sondern sprach mir sofort jedes Recht ab, die Wortwahl als unfreundlich aufzufassen. Doch anstatt sich damit auseinanderzusetzen und das Gespräch zu suchen oder zu versuchen zu verstehen, warum die Nachrichten so aufgefasst wurden, blockte er unfreundlich ab und agierte getroffen und abweisend. Ein Paradebeispiel für toxische Männlichkeit.

Wenig später führte ich ein Gespräch wiederum mit seiner Managerin und das Thema kam auch auf. Sie las die ursprüngliche Nachricht, empfand den Unterton ebenfalls als offensiv und unkollegial, sodass sie danach Carlo in einem ausführlichen Gespräch erläuterte, warum die Nachrichten unangebracht gewesen seien, und dass Feedback nicht abgewertet oder in Anführungszeichen gesetzt werden sollte. Carlo zeigte deutlich, dass er die Kritik an seiner Reaktion für unangebracht hielt, gab jedoch nach – vermutlich aufgrund der hierarchischen Überlegenheit seiner Führungskraft.

Es drängt sich die Frage auf, warum der toxische Mann in dieser Situation zu keiner Empathie und keinem Annehmen von Feedback fähig scheint, sondern primär aus verletztem Stolz heraus agiert.

Manager:innen, die toxisch männlich geprägt sind, scheinen oft Schwierigkeiten zu haben, Feedback zu erhalten und anzunehmen, da es sie in ihrem Wunsch nach Kontrolle und Dominanz einschränkt. Einzugestehen, dass eine andere Person ihnen Feedback gibt, an dem sie wachsen könnten, bedeutet für sie, dass sie Fehler oder Schwachstellen zugeben müssen, was unmöglich scheint und in ihrer Sicht ein Armutszeugnis darstellt. Deutet man an, dass sie – wie alle anderen auch – nicht fehlerfrei sind, reagieren sie abweisend und defensiv.

Darüber hinaus können toxisch-maskuline Manager durch solches Feedback auch ihr Identitäts- und Statusgefühl als bedroht empfinden. So wird zum Beispiel Kritik von dieser Personengruppe häufig als persönlicher Angriff betrachtet, was zu der hier beschriebenen Abwehrhaltung oder auch zu Emotionen wie Wut führen kann.

Nicht zu vergessen ist an dieser Stelle, dass die Betroffenen vermutlich selten in der Lage sind, Feedback entsprechend zu verstehen und umzusetzen, da ihnen die emotionale Intelligenz und das Selbstbewusstsein fehlen, um Perspektiven und Motivationen anderer nachzuvollziehen. Situationen aus der Sicht des Gegenübers zu sehen, stellt eine große Hürde dar, daher interpretieren sie Feedback als böswillige Kritik und nicht als das, was es tatsächlich darstellt: eine Möglichkeit zur Verbesserung und zum Perspektivenwechsel.

Ein konstruktiver Umgang mit Feedback stellt einen entscheidenden Bestandteil des Wachstums und der Entwicklung dar, und Führungskräfte, die gut mit Feedback umgehen können, werden mit größerer Wahrscheinlichkeit erfolgreich und effektiv in ihren Rollen sein. Mithilfe einer Förderung gerechterer und gesünderer Definitionen von Männlichkeit und Führung sowie einer Förderung von Selbstbewusstsein, emotionaler Intelligenz und Lernbereitschaft können wir zu einem unterstützenden und integrativen Arbeitsumfeld beitragen, das Wachstum, Austausch und Weiterentwicklung fördert.

Hätte Carlo in der beschriebenen Situation die Kritik angehört und angenommen, statt mit Kränkung und falschem Stolz darauf zu reagieren, hätte dies eine Entwicklung bedeutet: heraus aus toxisch männlichen Strukturen, hin zu einem gesünderen und respektvolleren Umgang.

Das Gefühl der Kränkung, bedingt durch die eingebildete Unantastbarkeit des toxischen Mannes, erschwert den produktiven Umgang mit Feedback. Im Zusammenhang mit einem offensichtlich erschreckend weit verbreiteten Mangel an emotionaler Intelligenz und der Unfähigkeit, Emotionen anzunehmen und zu verarbeiten, kommt es bei dieser Personengruppe immer wieder zu Situationen wie der von mir beschriebenen.

Aufgrund der Glorifizierung von Unantastbarkeit und der damit verbundenen Unterdrückung von Emotionen im toxischen Umfeld ist es für betroffene Männer schwer, die eigenen Gefühle und die anderer zu verstehen und auf sie adäquat zu reagieren. Der Anspruch auf Überlegenheit und Macht trägt zusätzlich dazu bei, dass toxische Männer die vermeintlich weiblichen Eigenschaften wie Empathie ablehnen. Kritik wird als Bedrohung ihres Überlegenheitsgefühls empfunden. Mit emotionaler Intelligenz, die in ihrer Weltansicht eher Frauen haben, die aber für einen produktiven Umgang mit Kritik wichtig wäre, wollen sie oft nicht in Verbindung gebracht werden.

Ein anderer Manager, Stefan, war Leiter einer großen Organisation mit mehreren hundert Menschen, die er direkt oder indirekt leitete. Er war fachlich sicherlich gut, allerdings fehlte es ihm an den Soft Skills, über die eine starke Führungskraft verfügen sollte. Dieser Fakt war ihm bewusst und auch schon mehrfach gespiegelt worden. Dass er empathielos und kalt war, machte er allerdings zu seiner Marke und war sogar eher stolz darauf, als hart und unerreichbar wahrgenommen zu werden.

Dass bei der Größe seiner Organisation gute Führung unabdingbar war, wurde ihm mehrfach mitgeteilt, doch es war weiterhin keine Option für Stefan, seine Soft Skills auszubauen, denn er wollte »nicht weiblich wirken«. Er musste also eine Lösung finden, die die Mitarbeitenden befriedigte, ohne ihn zu Empathie zu zwingen. Kurzerhand zog er eine Vollzeitstelle aus einem seiner Teams ab und funktionierte sie um: Antonia wurde einzig und allein dafür eingesetzt, seine Empathielosigkeit auszugleichen. Sie sollte für ihn alle Themen übernehmen, die Menschlichkeit und Verletzbarkeit forderten: Angefangen beim Trost von Mitarbeitenden, die aus Terminen mit ihm kamen, über die Führung harter Gespräche bis hin zur Funktion als Anlaufstelle für Kummer, Beschwerden, Wünsche und Ambitionen – Antonia deckte alle Aufgaben ab, die in das von Stefan ungeliebte Spektrum fielen.

Stefan berichtete seinen Kolleg:innen stolz davon, wie intelligent er das Thema gelöst habe. Anstatt sich zu beugen und weich zu werden, konnte er toxische Männlichkeit weiter ausleben, indem er die für ihn nervigen, unnötigen Themen an eine Person übergab, die gerne zuhörte und ihm die lästige zwischenmenschliche Arbeit abnahm. Antonia hingegen hielt die neue Stelle im ersten Moment für einen förderlichen Karriereschritt, bis sie verstand, dass Stefan keinerlei Interesse daran hatte, sich mit ihr und ihren Themen auseinanderzusetzen, sondern sie lediglich sein Abstellgleis für Emotionen war.

Ein weiterer empathieloser Manager ohne Feingefühl für Emotionen und Führung von Mitarbeitenden ist Frederik. Er führte ein kleines, lokales Team an und war auf niedriger Hierarchieebene in einem großen Unternehmen tätig, wo er sich wenig mit eskalativen Themen oder schwierigen Projekten konfrontiert sah. Sein Team arbeitete ohne große Störungen die anfallende Arbeit ab. Eigentlich eine gute Ausgangssituation für großartiges Leadership, denn ohne ständige Ablenkungen und Themen, die seinen kurzfristigen Fokus erfordern, konnte Frederik sich vollkommen auf sein Team konzentrieren.

Doch Frederik bewies schon früh, dass er ein schlechtes Händchen bei der Personalauswahl hatte – eben auch ein schwieriges Unterfangen ohne Empathie und Menschenkenntnisse. Verfügbarkeit war offensichtlich das einzige Einstellungskriterium und so holte er sich unter anderem Wiebke ins Team, der Inbegriff einer faulen, ignoranten und unsozialen Mitarbeiterin, die ihren Tag damit verbrachte, Teammitglieder zu mobben und gegeneinander auszuspielen. Nachdem eine Kollegin wegen Wiebke das Team verlassen und dies auch so kommuniziert hatte, fanden deren Gemeinheiten ihren Höhepunkt – anscheinend war sie von der nun scheinbar bewiesenen Macht ihres Verhaltens beflügelt worden.

Frederik war all dies bewusst, trotzdem schritt er nicht ein. Er mochte wohl seine Ruhe zu gerne, außerdem sah er sich nicht in der Rolle eines empathischen Leaders, sondern in der eines Arbeitsverteilers, weshalb ihn Wiebkes Verhalten unbeeindruckt ließ. So wurde letztendlich die Stimmung im Team unerträglich und eine andere Kollegin suchte Hilfe bei Frederik. Sie bat ihn, einzuschreiten, das Mobbing im Team zu unterbinden. Dieser war jedoch unbeeindruckt von der Bitte und empfahl ihr stattdessen, Wiebke direkt anzusprechen, schließlich seien ja alle Beteiligten erwachsen. Anschließend bat er eine andere langjährige Mitarbeiterin, mit allen Teammitgliedern zu reden, damit das Thema erledigt sei. Selbstverständlich änderte dies gar nichts. Wenn die Führungskraft die Führung nicht als ihre Aufgabe ansieht, sondern zwischenmenschliche Themen entweder ignoriert oder delegiert, kann eine Mitarbeiterin allein nicht das Team umkrempeln.

Dieser Vorfall ist einige Jahre her, und heute sind sowohl Frederik als auch Wiebke noch an Ort und Stelle, allerdings haben sich beinahe alle anderen Teammitglieder verabschiedet und wurden teilweise mehrfach ersetzt. Sobald es ihnen möglich war, verließen die Kolleg:innen das Team.

Die Einordnung von Soft Skills und zwischenmenschlichen Stärken als weiblich und die damit verbundene Herabstufung ist nicht nur im Berufsalltag hinderlich, sondern teilweise gefährlich, da kritische Kompetenzen wie emotionale Intelligenz nicht den dringend notwendigen Stellenwert bekommen, um sowohl das Unternehmen erfolgreich zu führen, als auch die Organisationen zu einem gesunden, wertschätzenden und produktiven Umfeld weiterzuentwickeln.

Was tun? – »Empathie ist keine Schwäche, sondern eine elementare Kompetenz.«

Wer es mit empathielosen Kolleg:innen oder Führungskräften zu tun hat, sollte sich zunächst bewusst machen, dass Empathie weder eine Schwäche noch ein Fehler ist. Leider ist es in unserer aktuellen Unternehmenslandschaft immer noch weit verbreitet, dass sich speziell von Boys' Clubs geprägte Unternehmen empathielose Führungskräfte leisten, da die höchste Führungsriege selbst kaum zu Empathie und Einfühlungsvermögen in der Lage ist. Und empathielose Menschen umgeben sich, wenn es nicht gerade darum geht, ihre eigenen Schwächen zu kompensieren, eben auch gerne mit anderen empathielosen Menschen.

Wichtig sind auch hier wieder Verbündete. Ist eine Führungskraft empathielos, leidet man sicherlich nicht allein darunter. Man ist dementsprechend gut beraten, mit Kolleg:innen zu sprechen und sich gegenseitig zu bestärken. Themen haben außerdem mehr Schlagkraft, wenn mehr als eine Stimme dahintersteht – gibt es ein Problem, welches eine empathielose Führungskraft nicht angehen will, steigt mit der Anzahl der lauten Stimmen auch die Chance, dass es nicht länger ignoriert werden kann.

Ist man selbst in der Situation, die fehlende Empathie von Kolleg:innen oder Manager:innen ausgleichen zu müssen, hilft oft offene und professionelle Kommunikation. Leadership der Zukunft wird ohne Soft Skills nicht funktionieren, und wer bei den betroffenen Personen anspricht, dass das Team oder die Organisation einen einfühlsameren Umgang braucht, hat zumindest die Möglichkeit geschaffen, das Thema anzugehen. Man kann niemanden dazu zwingen, das eigene Verhalten zu überdenken und zu ändern, aber man kann den Sachverhalt adressieren und die Probleme sichtbar machen. Hört die Person nicht darauf, wird das Thema zumindest bekannt und die Chance, dass von mehreren Seiten Druck zur Veränderung entsteht, steigt.

DER CHOLERIKER UND SEIN VENTIL

Sie schreien, haben ihre Emotionen nicht unter Kontrolle und eine niedrige Frustrationstoleranz: Choleriker:innen sind in den Führungsriegen der Unternehmen leider keine Seltenheit. Jähzornig, risikofreudig und ehrgeizig zeigen sich diese Personen, die nicht nur einen unverblümten Kommunikationsstil pflegen, sondern gleichzeitig unsensibel für die Gefühle anderer sind. Sie werden oft als dominant und kontrollierend beschrieben, und ihnen fehlt, da sie sich nicht offen für Feedback zeigen, häufig die Reflexionsfähigkeit sowie ein Korrektiv in ihrem Umfeld. Die Menschen um Choleriker:innen herum laufen sprichwörtlich auf rohen Eiern, um möglichst keine wütende Reaktion hervorzurufen.

Samuel, einer der Manager, für die ich im Laufe meiner Karriere arbeitete, war bekannt und gefürchtet für seine Wutanfälle. Nicht nur fachliche Konflikte trieben ihn zur Weißglut, sondern auch Themen aus seinem Privatleben wurden mit Vorliebe an seinem direkten Arbeitsumfeld ausgelassen. Samuels Verhalten war unprofessionell, seine Mitarbeitenden eingeschüchtert. Authentische und ehrliche Rückmeldungen bekam er schon lange nicht mehr, denn er ließ außer seiner eigenen Meinung nichts gelten. Man hatte also die Wahl: sagen, was er hören wollte, oder schweigen. Und so kreierte er ein Umfeld, in dem ihm viele Recht gaben, wenige etwas hinterfragten und Kritik im Keim erstickt wurde.

Während einer Veranstaltung zog Samuel mich für ein Gespräch zur Seite – vielmehr für einen Monolog: Er ließ lautstark seinen privaten und beruflichen Frust der letzten Tage an mir aus. Ich war wie in Schockstarre und über eine Stunde lang war ich das Ziel seiner Wut. Als noch unerfahrene Frau am Anfang meiner Karriere fehlte mir das Verständnis zur Einordnung seines Verhaltens, sowie die Schlagfertigkeit, um mit der Situation umzugehen. Wie angewurzelt stand ich da, beobachtete, wie die Wut seinen Kopf rot färbte und die Adern an seinem Hals pochten. Selten fühlte ich mich so fehl am Platz. Aus Mangel an Handlungsalternativen schaute ich ihn mit leerem Blick an und ließ den Wutanfall über mich ergehen. Meine Gedanken kreisten um die letzten Tage, suchend nach einem Fehler auf meiner Seite. Womit hatte ich diese Reaktion bei ihm ausgelöst?

Rückblickend weiß ich: Mich trifft keine Schuld. Ich war nicht mehr und nicht weniger als ein Ventil für aufgestaute Emotionen. Letztendlich gab er das in dieser Situation sogar zu: Als seine Wut verpufft war, sagte Samuel, dass er wisse, dass ich nichts dafürkönne, aber er das gebraucht habe und es ihm nun besser gehe, auch wenn es mir jetzt vermutlich schlechter ginge. Einen Fehler in diesem Verhalten sah er jedoch nicht.

Eine weitere Geschichte zu diesem Thema wurde mir über den Start-up-Gründer Sebastian erzählt, der immer wieder zu cholerischen Ausfällen neigte, während sein Ruf nach außen eher einer einfühlsamen, verständnisvollen Führungskraft glich. Er arbeitete in einem Einzelbüro, das an das Büro zweier Kolleginnen grenzte. Während er E-Mails beantwortete, kam anscheinend im Nachbarbüro gute Stimmung auf. Es wurde gelacht und gescherzt, sodass Sebastian wutentbrannt zu den beiden ging, um ihnen lautstark mitzuteilen, dass er sich so nicht konzentrieren könne. Peinlich berührt bemühten diese sich nun, die Lautstärke etwas einzudämmen, doch – wer kennt es nicht – natürlich wurde das angeregte Gespräch auch bald wieder etwas lauter.

Anstatt sie erneut darauf hinzuweisen, bitte etwas leiser zu sein, kam Sebastian mit hochrotem Kopf in das Büro, schrie unverständliche Sätze und verließ das Gebäude, dabei alle Türen lautstark ins Schloss werfend, woraufhin alle anderen Mitarbeitenden die Köpfe aus den Büros steckten und sich wunderten, was vor sich ging.

Statt jedoch etwa ein paar Minuten vor der Tür durchzuatmen und wieder arbeiten zu gehen, ließ er zwei Tage lang nichts von sich hören – weder betrat er das Büro, noch teilte er irgendjemandem mit, dass er nicht arbeiten oder erscheinen würde. Und das in einem Unternehmen, in dem es keine Möglichkeit auf Homeoffice gab. Er war wie vom Erdboden verschluckt. Nach diesen zwei Tagen tauchte er wieder auf: bestens gelaunt und ohne jemals das Vorgefallene anzusprechen oder sich gar für den Wutausbruch zu entschuldigen.

Ein anderer Choleriker, von dem mir erzählt wurde, ist Max. Als alteingesessene Führungskraft eines traditionsbewussten Familienbetriebes war er es gewohnt, dass ihm alle zustimmten und keine seiner Entscheidungen hinterfragten. Zudem sollte man kritische Fragen umgehend bereuen. Einmal hatte Max eine recht extravagante Idee: ein Investment über mehrere Millionen in ein wenig erfolgversprechendes Projekt. Er bat seinen Mitarbeiter

Elias um dessen Meinung, nachdem er ihm die Idee umrissen hatte. Dieser antwortete, dass er sich nicht sicher sei, wie vielversprechend das sei, und stellte ein paar Rückfragen. Von einer Sekunde auf die andere wurde Max laut und schrie, dass Elias ihm das Geschäft kaputt machen wolle. Er schrie so laut, dass er beim Reden spuckte, er rang um Luft vor lauter Aufregung. Elias wiederum war wie versteinert und wusste nicht, wie er mit dem plötzlichen Stimmungsumschwung umgehen sollte. Max verließ wutentbrannt das Büro.

Am nächsten Tag war es, als hätte dieses Gespräch nie stattgefunden. Max war freundlich, begrüßte Elias normal und ließ sich auch sonst nichts anmerken. Für Elias allerdings war dieses Verhalten ein klares Signal, in Zukunft nur noch stupide zuzustimmen, wenn er von Max um seine Meinung gebeten wurde.

Jette, eine Führungskraft in einem mittelständischen Unternehmen, gehört ebenfalls zu den Choleriker:innen, was sie ihre Mitarbeitenden beinahe täglich spüren ließ, wie Carla. Diese arbeitete einige Monate in Jettes Team und erzählte mir, dass sie gegen Ende dieser Zeit sogar an ihrem Verstand gezweifelt hatte. Und ich kann sehr gut verstehen, warum. Denn Jette kam immer wieder wutentbrannt ins Büro und lief schnellen und lauten Schrittes auf die Schreibtische der Mitarbeitenden zu. Hatte sie einen schlechten Tag, wies sie die Mitarbeitenden, an denen sie ihre Laune auslassen würde, nacheinander an, zu ihr ins Büro zu kommen. Sie fand die absurdesten und unwichtigsten Details, um sich darüber aufzuregen und ihren Mitarbeitenden lautstark ihre scheinbare Inkompetenz an den Kopf zu werfen. Wer daraufhin den leisesten Anflug von Schwäche zeigte, wurde niedergemacht. Jette ließ all ihre negativen Emotionen an den Gesprächspartner:innen aus und ihrer Wut freien Lauf. Ihr Umfeld versuchte, um Jette herumzutänzeln, möglichst nichts zu tun, was sie aufregen könnte – besonders, wenn morgens ihr Schritt schon verriet, was für ein Tag auf sie zukommen würde: War ihr Schritt der allen bekannte, strenge Gang, ging man besser in Deckung, um nicht zu ihrem Ventil zu werden.

Als Carla ihr erstes Gespräch zur Leistungsbeurteilung mit Jette hatte, plagten sie entsprechend schon Tage vorher Bauchschmerzen. Für sie war klar: Das wird kein Spaß. So kleinlich, wie Jette nach Fehlern suchte, würde sie Carla vermutlich eine ganze Liste an Fehlern an den Kopf werfen. Doch während des Gesprächs konnte Carla nicht fassen, was passierte: Jette war voller Lob, Witz und teilte ihr nicht nur mit, dass sie »die Beste« sei und Jette nicht wüsste, was sie ohne sie machen würde, sondern fragte sie sogar, ob nicht morgen ihr Bruder Geburtstag hätte. Als Carla das bejahte, sagte Jette, dass sie doch einen Tag frei machen solle – ohne Urlaub einzureichen wohlgemerkt –, da sie schließlich mehr als genug leiste und das verdient habe. Carla war sprachlos, bedankte sich und wusste nicht recht, ob sie sich all die Kritik vorher nur eingebildet hatte. Sie konnte nicht einordnen, warum ihre Leistung sich plötzlich so drastisch geändert haben sollte. Sie würde aber bald verstehen, dass diese Schwankungen keine Seltenheit waren.

Das System »Zuckerbrot und Peitsche« schwang während Carlas gesamter Zeit in Jettes Team mit. Und nicht nur Carla, sondern alle im Team bekamen diese Schwankungen zu spüren. An guten Tagen war Jette voller Lob, an schlechten wurden Gegenstände durch das Büro geworfen. Im Nachhinein fragte sich Carla, warum sie dieses Verhalten so lange hingenommen hatte, doch ihr war eben auch bewusst, dass die Cholerikerin manipulierend war, was Carla eine rationale Einordnung der Situation erschwerte. In einem Moment fühlte sie sich ungerecht behandelt, im nächsten wurde sie aber mit so viel Wertschätzung und Lob überhäuft, dass die Angriffe und Respektlosigkeiten wie vergessen schienen.

Relevant ist hier zudem, dass Jette eine gewisse Kultur schuf – mit ihren Wutausbrüchen und ihren anschließenden Lobeshymnen vermittelte sie dem Team das Gefühl, dass man besonders stark und taff sei, da man in der harten Businesswelt erfolgreich war. Das sei nun mal normal, und nur die Leidensfähigen seien Lob und Anerkennung wert. Es entsteht eine toxische und destruktive Dynamik.

Cholerische Manager:innen sind nicht nur Gift für die Kultur eines Unternehmens, sondern schaffen gleichzeitig ein Umfeld, das von Angst dominiert daran scheitert, diesen Menschen die Ausmaße ihres Verhaltens zu spiegeln. In ihrer fiktiven Welt sind ihre Wutanfälle ein simpler Ausdruck von Reaktionen auf Situationen im Berufsalltag statt etwa der ungesunde Umgang mit Emotionen sowie Ursprung und Verstärker einer von Angst gesteuerten Unternehmenskultur.

Was tun? – »Wenn du so kommunizierst, werde ich mich aus der Unterhaltung entfernen.«

»Nur die Harten kommen in den Garten«, das Sprichwort haben sicherlich alle schon einmal gehört. Und es beschreibt ganz gut, was Choleriker:innen vermitteln wollen: Man solle sich nicht so anstellen, es gehöre nun mal dazu, dass der Ton rauer sei, und erfolgreiche Menschen müssten eben auch leidensfähig sein.

Das tatsächlich Gefährliche daran ist: Es schwingt ein Funken Wahrheit mit. Erfolg kommt nicht davon, dass man in seiner Komfortzone nur mit Sonnenschein und Regenbögen konfrontiert ist. Die erfolgreichsten Menschen, die ich kenne, haben sich durch einige harte Situationen gekämpft und sich nicht kleinkriegen lassen. Es gibt jedoch einen elementaren Unterschied, ob diese harten Situationen durch äußere Umstände entstehen und nicht zu verhindern sind, oder ob sich jemand damit brüstet, dass die eigene »Schule« besonders hart sei. Wer jedoch ernsthaft der Meinung ist, dass es etwas Großartiges sei, Menschen das Leben zu erschweren, hat ganz andere Probleme.

Mit dieser Differenzierung reagiere ich heute gerne, wenn ich mit Choleriker:innen konfrontiert bin: »Ich gehe gerne mit dir durch harte Zeiten, aber nicht, wenn du sie künstlich herbeiführst.«

Wichtig ist, sich durch die cholerischen Ausfälle weder dazu bringen zu lassen, sich im Schneckenhaus zu verkriechen, bis sich die dunklen Wolken verzogen haben, noch das Spiel mitzuspielen und selbst laut zu werden. Mir persönlich hat es bisher am besten geholfen, ruhig zu bleiben, mir bewusst zu machen, dass diese Person gerade ein Problem mit sich selbst statt mit mir hat, und in ruhigem, gemäßigtem Ton zu sagen, dass ich für ein Gespräch eine andere Basis erwarte, die Person demnach gerne auf mich zukommen könne, wenn die Emotionen abgeklungen sind.

Oft wird vergessen, dass auch Wut eine Emotion ist. Ich weise Choleriker:innen gerne darauf hin, und habe die Erfahrung gemacht, dass sie das erdet. »Du scheinst gerade stark emotional zu sein, daher schlage ich vor, wir machen zehn Minuten Pause und reden dann weiter« zeigt zum Beispiel, dass die Reaktion unangemessen ist, ohne dass man selbst laut wird oder wie in Paralyse den Ausbruch über sich ergehen lässt.

DIE TEAM-MUTTI

In beinahe jedem meiner Teams gab es sie: die Team-Mutti, die Seelsorgerin, Mediatorin, Empathin, Organisatorin, die immer alles im Griff hat. Sie backt Muffins für alle, besorgt Grußkarten für Geburtstage und organisiert die teaminterne Weihnachtsfeier. Doch ist diese Rolle selbstgewählt oder ihr auferlegt?

Gesellschaftliche Erwartungen und Stereotype suggerieren, dass Frauen fürsorglicher und einfühlsamer sind. Die Tätigkeiten im Team, die also der Mutterrolle zugeschrieben werden, werden oft automatisch der Person, die am ehesten diesem Stereotyp entspricht, zugeteilt. Doch auch wenn die betroffene Frau im Team so wirkt, als habe sie sich selbst diese Rolle ausgesucht, vermitteln ihr doch die patriarchalischen Strukturen, dass die Übernahme dieser Rolle ihr dabei hilft, sich als wertvolles und wichtiges Mitglied der Gruppe zu etablieren.

Indem sie unterstützende Rollen übernehmen, können Frauen also auf eine Weise zum Erfolg der Gruppe beitragen, die den gesellschaftlichen Erwartungen an sie eher entspricht als traditionell eher männlich geprägte Rollen. Die individuellen Stärken und Kompetenzen sind weniger wichtig als die Erfüllung der gesellschaftlichen Richtlinien, wonach bestimmte Tätigkeiten klassisch weiblich, aber andere klassisch männlich sind.

Nebenbei entsteht hier ein Ungleichgewicht in der Wertigkeit der Aufgaben, was langfristig fatale Folgen hat: Geht es um Beförderungen und Gehaltserhöhungen haben die, die strategische Aufgaben übernommen haben, bessere Chancen als die, die Mitschriften in Meetings angefertigt haben und dafür sorgten, dass am Freitag immer Kuchen da ist. Die Team-Mutti übernimmt intuitiv Aufgaben, die weniger sichtbar und auf Papier weniger wertschöpfend sind, hält damit aber den Kolleg:innen den Rücken frei, die sich dann vollkommen auf ihre karrierefördernden Tätigkeiten konzentrieren. Randbemerkungen wie »Es ist so toll, wie du dich kümmerst« oder »Ohne dich würde hier gar nichts laufen« bestärken, dass die Team-Mutti diese Aufgaben weiterhin übernimmt. Besonders bei wertschätzenden Bemerkungen seitens der Führungskraft ist die Chance, dass die Team-Mutti weiterhin alles Organisatorische und Zwischenmenschliche als ihr Aufgabengebiet sieht, durchaus groß.

Ines arbeitete in einem Technologieunternehmen als Projektmanagerin in einem männerlastigen Team. Außer ihr gab es noch eine andere Frau im direkten Umfeld, die Assistentin. Ines hatte ihr Studium sehr gut abgeschlossen und einige Jahre relevante Berufserfahrung vorzuweisen. Als die Assistentin, die üblicherweise die Protokolle der Meetings anfertigte, krank war, startete der Manager das wöchentliche Teammeeting mit den Worten: »Oh, dann haben wir ja gar kein Protokoll – Ines, das machst du dann, oder?«

Ines schaute verwirrt und suchte die Blicke ihrer Kollegen, um deren Reaktionen zu lesen. Allerdings war niemand verdutzt oder irritiert, alle schienen das für die logische Alternative zu halten. Als sie zurückfragte, warum sie das übernehmen sollte, antwortete der Manager, dass sie doch am schnellsten tippe und er jetzt auch mit dem Meeting starten wolle, sie also bitte anfangen solle. Niemand widersprach, niemand fand das unangebracht. Ines war so überrumpelt, dass sie die Mitschrift anfertigte und anschließend allen zur Verfügung stellte.

Im Leistungsbewertungsgespräch mit ihrer Führungskraft sprach Ines die Situation an und fragte, warum er sie ausgesucht hatte. Er erwiderte, dass sie nicht so eine Welle machen solle, und dass er nicht darüber nachgedacht, sondern einfach ihren Namen gesagt habe. Sie solle sich doch bitte nicht an solchen Kleinigkeiten aufhängen, sondern sich stattdessen auf die wirklich wichtigen Aspekte fokussieren. Ihr Manager empfand es offensichtlich nicht als ungerecht, ihr solche Aufgaben zu übertragen, ohne es mit ihr abzusprechen oder einen Kollegen in Betracht zu ziehen. Dieses Selbstverständnis, mit dem er davon ausging, dass Ines das Protokoll schreiben würde, ähnelt auch der nächsten Geschichte sehr.

Barbara arbeitete in einem Unternehmen in einem bunt gemischten Team, mit einem männlichen Manager mittleren Alters. Die Dynamik im Team war recht angenehm, wenn auch nicht überschwänglich. Man arbeitete zusammen, pflegte ein freundliches, aber nicht freundschaftliches Klima. Außerhalb der Arbeitszeiten pflegte man keinen großen Kontakt.

Eine vollkommen legitime Situation, was auch Barbara so sah. Dennoch wollte sie ihren Kolleg:innen eine Freude machen und brachte ohne speziellen Grund eines Tages Muffins mit. Alle freuten sich und trafen sich nach dem Mittagessen im Büro des Managers, wo man eine Stunde lang die Muffins aß und redete. Es war eine kleine Geste, die dem Team guttat, und deren Effekt Barbara stolz machte: Die sonst relativ distanzierten Kolleg:innen schienen den gemeinsamen Austausch zu genießen und sich zu öffnen.

Beflügelt von den Komplimenten der Kolleg:innen und dem Dank des Managers entschied Barbara, in der kommenden Woche erneut Muffins mitzubringen. Andere Sorte, andere Verzierungen, gleicher Effekt: Das Team fand sich nach der Mittagspause eine Stunde lang zusammen und tauschte sich aus. Wieder bedankten sich die Kolleg:innen bei ihr. So entwickelte sich eine Dynamik, die Barbara noch einige weitere Male dazu brachte, immer zum selben Wochentag Muffins mitzubringen.

Die Stimmung kippte erst, als Barbara nachfragte, ob jemand anderes in der folgenden Woche etwas mitbringen könnte. Sie stieß auf Unverständnis und Widerworte. Irritiert von der Reaktion des Teams suchte Barbara das Gespräch mit dem Manager, welcher ihr sagte, dass sie das nun etabliert habe und das Team weiterhin mit ihren Muffins rechnen würde. Als sie vorschlug, ein rotierendes System einzuführen, so dass alle einmal etwas mitbringen würden, reagierte ihr Manager abweisend: Er fragte sie, ob sie denn denke, dass die Kolleg:innen Zeit für so etwas hätten, geschweige denn er selbst, und erinnerte Barbara daran, dass alle auch ein Privatleben hätten.

Es war für ihn wohl völlig unvorstellbar, dass auch Barbara wie alle anderen private Aktivitäten und Verpflichtungen hatte, und als sie entgegnete, dass sie dann nichts mehr mitbringen würde, wenn die Arbeit nicht fair verteilt werden würde, zeigte der Manager erneut Unverständnis. Wenn sie die wöchentlichen Muffins nicht mehr bringen wolle, würde die Atmosphäre im Team leiden, und er legte ihr nahe, das mit Hinblick auf die Kollegialität noch einmal zu überdenken. Die gut gemeinte Geste wurde nicht als Nettigkeit aufgefasst, sondern wurde schnell als Selbstverständlichkeit angesehen, sodass eine harmlose Bitte negativ auf sie zurückfiel.

Eine andere Team-Mutti ist Madeleine, die neu in einem Unternehmen startete. Sie war schnell in das Team integriert und ihr Manager Patrick war wertschätzend und bemüht, sie bestmöglich zu integrieren. Madeleine fiel es leicht, mit neuen Kolleg:innen eine Beziehung aufzubauen, und so fiel auch Patrick auf, dass sie gut ankam, wofür er sie auch lobte.

Es war also nur logisch für sie, sich auch weiterhin um eine gute Integration zu bemühen. So begann sie schnell, Dinge für das Team zu planen – mal ein gemeinsames Getränk nach der Arbeit, mal einen Ausflug, mal eine kleine Geburtstagsfeier für Teammitglieder. Madeleine war schnell zu einem wichtigen Teil des Teams geworden, fand sich immer mehr in der Rolle der Team-Mutti ein, da sie in diesen Tätigkeiten von allen Seiten bestärkt wurde.

Das ging so lange gut, bis es zum ersten Leistungsbeurteilungsgespräch kam. Patrick sagte Madeleine, dass sie zwar gut ins Team integriert und auch menschlich sehr geschätzt sei, ihre sonstigen Leistungen aber unterdurchschnittlich seien. Sie würde sich kaum für Projekte melden, in Aufgaben wie die Erstellung von Präsentationen für den Vorstand sei sie kaum involviert, und überhaupt wisse er nicht so recht, was sie den ganzen Tag mache.

Unterdurchschnittlich. Das saß. In ihrer gesamten Karriere hatte Madeleine noch nie gehört, dass sie unterdurchschnittlich gewesen sei – ganz im Gegenteil: Sie war immer eine der besten Mitarbeitenden in jedem ihrer bisherigen Teams. Wie konnte es also sein, dass sich das plötzlich geändert hatte?

Patrick schlug vor, eine Woche lang ihre Tage grob zu dokumentieren und sich dann nochmals zusammenzusetzen. Mit einem flauen Gefühl im Magen dokumentierte Madeleine also eine Woche lang ihre Tätigkeiten, begleitet von der Befürchtung, abgestempelt zu werden, demnach nicht mehr lange einen Job zu haben. Diese Aufstellung der Aufgaben, oder vielmehr die Besprechung mit Patrick, sollte ihr jedoch die Augen öffnen: Madeleine verbrachte einen großen Teil ihres Tages mit der Übernahme von Aufgaben für das Team, teils freiwillig, teils, weil Patrick sie darum bat. Da war die Organisation des mehrtätigen Teamworkshops, ein Plan für Weiterbildungsaktivitäten mit Bedarfsanalyse und der Identifizierung von geeigneten Weiterbildungsplattformen oder die wöchentliche Vor- und Nachbereitung des Teammeetings.

Als Madeleine Patrick das präsentierte, war dieser überrascht. In seiner Vorstellung nahmen diese Aufgaben keine Zeit in Anspruch, und überhaupt hatte er damit gerechnet, dass diese Tätigkeiten zusätzlich zu ihrer normalen Arbeit erledigt wurden, nicht stattdessen. Beim genaueren Hinsehen wurde allerdings klar, dass gut 70% ihrer Arbeitszeit so verwendet wurden, und entsprechend wenig Zeit für andere Tätigkeiten blieb.

Dass das gesamte Team davon profitierte und das Arbeiten angenehmer war, seit Madeleine da war, stellte niemand infrage. Doch dass es Zeit kostete, all dies zu übernehmen, war wohl nichts, worüber Patrick nachgedacht hatte. Und dass Madeleine als Neuling im Team, die auch noch Zuspruch von allen Seiten bekam, nicht davon ausging, sie würde schlechte Arbeit leisten oder falsch priorisieren, war nur logisch.

Die Lösung der Situation war gar nicht so einfach: Obwohl Madeleine nach diesem Gespräch keine Aufgaben mehr übernehmen wollte, die nicht in ihrer Stellenbeschreibung standen und damit Kernaufgaben waren, wurde sie dennoch häufig, auch von Patrick, wie selbstverständlich nominiert, wenn es um Planungen teaminterner Aktivitäten oder anderer zusätzlicher Aufgaben ging. Es bedarf viel Zeit und Fingerspitzengefühl, sich aus der Team-Mutti-Rolle zu lösen – hatte die Konsequenz, dass sich die Dynamik im Team veränderte. Ihre Tätigkeiten waren also wertvoll gewesen – nur eben nicht auf dem Papier und entsprechend ihrer Stellenbeschreibung, dementsprechend wenig karrierefördernd.

Die Rolle der Team-Mutti ist keine unnötige und leichte. Wenn es eine Person gibt, die sich um das Wohlbefinden der Mitarbeitenden sorgt und sicherstellt, dass Austausch und Vergnügen nicht zu kurz kommen, funktioniert das Team zweifelsfrei besser und die Arbeit wird angenehmer. Doch man darf nicht vergessen, dass es ein bestimmter Typ Mensch ist, der diese Rolle ganz natürlich übernimmt – und es ist ebenfalls ein bestimmter Typ Mensch, der ohne großes Hinterfragen annimmt, dass jemand diese Aufgaben übernimmt.

Was tun? – »Diese Tätigkeiten sind ein zusätzlicher Aufwand und ich erwarte, dass sie eingeplant, aufgeteilt und honoriert werden.«

Wir müssen damit aufhören, intuitiv Aufgaben zu verteilen, nur weil jemand sich anbietet oder unser Bauchgefühl uns so leitet. Im Arbeitskontext gibt es klare Stellenbeschreibungen, und je mehr Zeit und Energie wir für etwas aufwenden, das außerhalb dessen liegt, wofür wir bezahlt werden, desto mehr leidet unser eigener Erfolg darunter.

Um Missverständnisse zu vermeiden: Ich bin eine absolute Verfechterin davon, nicht alles so genau zu nehmen und den Kolleg:innen unter die Arme zu greifen – im Team arbeitet es sich viel angenehmer, wenn alle an einem Strang ziehen, die Arbeit wird effektiver. Das ist jedoch auch der springende Punkt: ALLE. Wir können dieses Thema nur lösen, wenn wir einerseits offenlegen, welche Tätigkeiten zusätzlich anfallen, um das Team zu fördern und zusammenzuhalten. Andererseits müssen wir darauf achten, dass diese Aufgaben sowohl wertgeschätzt als auch gerecht verteilt werden. Wenn jede:r mal eine Geburtstagskarte mitbringt, ab und zu ein Protokoll verfasst und mal Seelenmülleimer für die anderen spielt, wird die Dynamik gleich gesünder und keine:r erfährt einen Nachteil.

Ergo: Solche Aufgaben müssen im Team besprochen werden, es muss notiert werden, wer was übernommen hat, und darauf geachtet werden, dass wirklich jede:r mal an die Reihe kommt. Und wenn jemand merkt, dass er/sie besonders häufig solche Aufgaben übernimmt, sollte diese Person bei der Führungskraft nachfragen, wie diese Aufgaben zum Jobprofil passen und in der Gehalts- und Karriereentwicklung berücksichtigt werden, da sie ja Zeit in Anspruch nehmen, die dann nicht für andere Aufgaben zur Verfügung steht, die gegebenenfalls förderlicher für die berufliche Entwicklung wären.

DIE FUSSABTRETERIN

Toxische Männer umgeben sich neben ihren Freunden aus dem Boys' Club gerne mit Menschen, von denen sie überzeugt sind, dass sie ihnen unterlegen, loyal und hörig sind. Das zeigt sich oft in einer Vorgesetzten-Mitarbeiter:in-Beziehung, in der Zweitere:r die Rolle des Fußabtreters erhält. Es kann aber auch zwischen Mitarbeiter:innen gleicher Ebene auftreten. Denn es geht um die gefühlte Überlegenheit, nicht die hierarchische, daher ist die Stellung im Team nicht unbedingt ausschlaggebend.

Wer sich für so unantastbar hält, geht davon aus, dass andere selbstverständlich gerne Dienste übernehmen – seien es Botengänge, Gefälligkeiten oder die generelle Unterstützung in allen Belangen des Lebens: Die identifizierten Fußabtreter:innen sind selbstverständlich und mit einem Lächeln dafür da, ihr Leben möglichst angenehm zu gestalten.

Charlotte arbeitete in einem kleinen Unternehmen, in dem ihr Vorgesetzter Ludwig auch der Geschäftsführer war. Er war nicht nur im Umgang mit den Kolleg:innen arrogant und herablassend, sondern auch ein wahnsinnig schlechter Unternehmer. Charlotte berichtete von gefälschten Kopien von Überweisungsträgern, damit die Lieferant:innen die Ware trotz noch fehlender Zahlungseingänge aushändigten, und ebenso von verspätet ausgezahlten Gehältern der Mitarbeitenden. Ludwig hatte einige überaus qualifizierte Mitarbeitende, jedoch zog er es vor, seine Zeit nicht mit effektivem Management und der Lösung von unternehmerischen Problemen zu verbringen, sondern damit, die E-Mails aller mitzulesen. Er kontrollierte jeden Schritt seiner Angestellten. Dies fiel auf, als er Charlotte auf etwas ansprach, das sie gerade erst per E-Mail erfahren hatte – ohne ihn in cc. Er konnte also noch gar nicht davon wissen, so bestätigte sich der bereits unter den Mitarbeitenden kursierende Verdacht. Ludwig war sowohl ein schlechter Geschäftsführer als auch ein toxischer Manager, wie er im Buche steht. Anstatt seinen Mitarbeitenden zu vertrauen, kontrollierte er jede Handlung und Kommunikation.

Mehrmals am Tag trank Ludwig Kaffee, welchen er von der Kaffeeküche im Erdgeschoss hoch in den ersten Stock zu seinem Schreibtisch trug. Auf dem Heimweg zum Auto ging Ludwig also wieder an dieser Kaffeeküche im Erdgeschoss vorbei. Anstatt aber seine Kaffeetassen abends mitzunehmen und dort abzustellen, wo sie gespült werden würden, stellte er sie auf Charlottes Schreibtisch ebenfalls im ersten Stock ab. Das war nicht schlichte Faulheit, denn Weg sparte er dadurch keinen – sowohl ihr Schreibtisch als auch die Kaffeeküche lagen auf seinem Weg. Er traf bewusst die Entscheidung, die Tassen bei Charlotte abzustellen und ihr somit diese Aufräumaufgabe zu übertragen.

Ein solches Verhalten geht Hand in Hand mit dem Bild, das er als toxischer Manager ohnehin prägte: Statt das Unternehmen zu fördern und die Zahlungsfähigkeit sicherzustellen, kontrollierte er die Mitarbeitenden und machte ihnen mit kleinen Gesten die Hierarchie deutlich. Charlotte, die er sich in diesem Fall als Kaffeetassen-Fußabtreterin ausgesucht hatte, reagierte selbstbewusst und stellte morgens seine Tassen regelmäßig zurück auf seinen Schreibtisch. Doch so eine Reaktion ist eher eine Seltenheit. Die meisten Betroffenen würden aus Angst vor Konsequenzen nicht protestieren, sondern die Tasse doch in die Kaffeeküche bringen.

Mir wurde von einem weiteren Kaffeetassenvorfall berichtet: Alissa saß bei ihrem Arbeitgeber an einem großen Schreibtisch, den sich jeweils mehrere Menschen teilten, direkt neben ihr saß Kollege Victor. Beide waren auf derselben Hierarchieebene und berichteten an denselben Manager. Victor fühlte sich aber als Dienstältester offensichtlich Alissa überlegen. Er trank viel Kaffee, jeweils mit neuer Tasse, ohne jedoch die alte Tasse je an den dafür vorgesehenen Ort neben der Kaffeemaschine abzustellen. Stattdessen stellte er die alte Tasse auf dem Schreibtisch zwischen sich und Alissa ab. Dies ging so weit, dass er regelmäßig zum Wochenende eine komplette Wand gestapelter Tassen zwischen ihnen errichtet hatte. Mehrfach gab er Alissa zu verstehen, dass sie die Tassen wegräumen solle. Diese erwiderte, dass das nicht ihr Job sei, also baute er, statt die Tassen wegzubringen, eine Mauer.

Alissa berichtete, dass der Tassenberg gegen Ende der Woche bereits Schimmel angesetzt hatte und ein Gestank davon ausging, der nur Arbeiten mit geöffnetem Fenster zuließ. Dennoch fand Victor wohl, dass ihm eine Fußabtreterin zustünde und es Alissas Verantwortung sei, für Ordnung zu sorgen. Freitags erbarmten sich wohl regelmäßig die Putzkräfte und entfernten das schimmelnde Kunstwerk.

Weg von den Kaffeetassen, aber hin zu nicht weniger herablassendem Verhalten: Olivia war Gerrits Assistentin, dieser hatte Vorstandsambitionen, und verhielt sich prophylaktisch bereits, als gehöre ihm die Welt. Gerrit sammelte leidenschaftlich Kunst. Während eines Arbeitstermins jubelte er plötzlich los: Er hatte ein Bild ersteigert, das nicht nur von enormem Wert, sondern wohl auch wichtig für seine Sammlung war. Dieses Bild befand sich noch im Ausland und musste auf dem Schiffsweg angeliefert werden. Die Logistik war offensichtlich nicht durchdacht, denn, als das Schiff am Hafen anlegte, wurde das Bild nicht zum Weitertransport freigegeben. Themen wie Verzollung waren ungeklärt und ohne gültige Papiere sollte das Gemälde zurück zum Sender geschickt werden.

Gerrit beauftragte Olivia, seine privaten Angelegenheiten für ihn zu regeln. Was unmöglich schien, löste sie nach einigen Telefonaten: Sie schaffte es tatsächlich, dass das Bild an Gerrits Adresse geliefert wurde. Abgesehen davon, dass der Transport von privatem Besitz des Managers nicht in den originären Aufgabenbereich der Assistentin fiel, ließ er sich nicht einmal zu einem Dank herab. Dass sie diese Angelegenheit für ihn geregelt hatte, wie auch alle anderen Angelegenheiten, die zum großen Teil nicht mit ihrer Jobbeschreibung einhergingen, war für ihn eine Selbstverständlichkeit und im wahrsten Sinne des Wortes nicht der Rede wert. Er betrachtete sie nicht als Mitarbeiterin, die freundlicherweise alles in Bewegung gesetzt hatte, um ihm einen privaten Gefallen zu tun, sondern er fühlte sich berechtigt, über sie, ihre Zeit und Kapazität zu verfügen, egal in welchem Kontext.

Die Trennung von privaten Anliegen und beruflichen Aufgaben fällt offensichtlich so einigen Managern schwer. So war Robert ein Mitglied des Boys' Club eines Unternehmens und hatte dort einem Aufsichtsratsmitglied einen Gefallen getan, der sich im rechtlich strafbaren Bereich bewegte. Als Dank dafür wurde ihm ein sorgenfreies Leben versprochen, er könne sich seinen Job, seine Assistentin(nen) und alles andere beliebig aussuchen. Vor allem Zweiteres nahm er wörtlich und suchte sich alle sechs bis zwölf Monate eine neue Angestellte, bis diese wieder ausgedient hatte – meist nach abklingender Affäre.

Dora war eine der wenigen Assistentinnen, mit der er keine körperliche Beziehung einging. Sie war offensichtlich nicht interessiert, und dass sie trotzdem eine Zeit lang bestehen konnte, lag vermutlich daran, dass er parallel auch seiner Ehe eine weitere Chance gab, aber gleichzeitig auch schon eine Affäre mit einer anderen Frau hatte.

Dora war jedoch für andere Themen von Nutzen für ihn. Einerseits erledigte sie Aufgaben, die nichts mit ihrer Berufsbeschreibung zu tun hatten, die er damit begründete, dass er so mehr Energie für seine Arbeitsthemen habe. Andererseits war Dora für die Buchung seiner privaten Urlaube zuständig – sowohl mit Ehefrau als auch mit der jeweiligen Affäre. Sie sollte dabei tunlichst dafür sorgen, dass beide Frauen nichts voneinander mitbekamen und ihnen glaubwürdig vermitteln, dass er auf einer kundenbedingten Geschäftsreise sei, wenn er mit der jeweils anderen im Urlaub war. Dass Dora mit einem Anruf sein Privatleben zerstören konnte, musste ihm also bewusst sein, dennoch behandelte er Dora nicht wie eine geschätzte Mitarbeiterin, die für ihn ein Geheimnis bewahrte, sondern überaus herablassend. Robert ließ keine Gelegenheit aus, sie daran zu erinnern, dass sein Glück Teil ihres Jobs sei, und dass er, sollte sie Fehler machen oder scheitern, nicht zögern würde, sie zu feuern.

Ein weiteres Beispiel: Alina war als Assistentin für Gabriel zuständig und plante unter anderem seine Reisen. Gabriel flog beruflich nach China, zu einer Jahreszeit mit wahrscheinlich sehr kalten Temperaturen. Alina informierte sich vorher über die Wetterbedingungen und teilte ihm mit, dass er eine Jacke benötigen würde. Da er so etwas immer wieder vergaß, schrieb sie ihm vor Reisebeginn eine Erinnerungsnachricht und markierte in seinem Kalender in großen, roten Lettern: »Jacke mitnehmen, es wird kalt!«

Es kam natürlich trotzdem, wie es kommen musste: Gabriel achtete nicht auf die Hinweise und vergaß die Erinnerungen, reiste also letztendlich ohne Jacke an. Halb so wild, als Top-Manager kann er sich ja schnell eine Jacke kaufen – sollte man meinen. Doch er rief Alina wutentbrannt an, schrie sie an und schob ihr die Schuld daran in die Schuhe. Er teilte ihr mit, dass es in ihrer Verantwortung läge, ihm eine Jacke zu besorgen. Doch nicht irgendeine Jacke, schließlich trug er nur Hugo Boss, aber da auch nur ein bestimmtes Modell. Sie rief also in den Läden der Umgebung an, bis sie das Modell seiner Begierde hatte auftreiben können. Sein Fahrer holte dann die Jacke in dem Geschäft ab. Und, wenig überraschend, auch hier gab es selbstverständlich keinen Dank. Gabriel fand, dass seine Reaktion völlig gerechtfertigt gewesen sei und Alina ihren Job nicht richtig gemacht hatte.

Dann gibt es da noch Daniel, der im Top-Management einer großen Firma tätig war und seine Angestellten ähnlich herablassend und respektlos behandelte. So knallte er jeder neuen Mitarbeiterin in seinem Verwaltungsteam (ja, es bestand ausschließlich aus Frauen) ein Buch den Worten auf den Tisch: »Das ist ab jetzt dein Leben. Lies es und verschwende niemals meine Zeit.« Dabei handelte es sich um *Der Teufel trägt Prada*.

Ab und zu, wenn es gut lief, wies Daniel seine »Mädels« an, alles stehen und liegen zu lassen, denn er würde sie jetzt zum Abendessen einladen. Netter Gedanke, doch das Abendessen war verpflichtend. Wenn jemand schon private Pläne hatte, waren diese umgehend abzusagen – denn wollte Daniel einladen, lehnte man besser nicht ab. Das Abendessen gestaltete sich in der Regel so, dass er zum Dessert noch einmal durchging, was am nächsten Tag anstand, und Aufgaben verteilte, denn sein Team musste nach dem Essen zurück ins Büro und die entsprechenden Vorbereitungen treffen, während er nach Hause ging. Es war also eine sicherlich gut gemeinte Geste, die aber dazu führte, dass alle Beteiligten außer ihm eine Nachtschicht im Büro einlegen mussten, da er Arbeit, die noch gemacht werden musste, nicht auf den folgenden Tag schieben ließ, sondern es noch mehr Aufgaben on top gab.

Ein weiteres Beispiel für ein solches Ausnutzen der Machtverhältnisse schilderte mir Franca, die für Till arbeitete. Dieser bezog zu jener Zeit ein neues Haus. Er hatte den Umzug geplant und wollte Urlaub nehmen, was aber aufgrund eines wichtigen Termins unmöglich geworden war. Anstatt den Umzug zu verlegen oder jemanden aus seinem Freundeskreis um Hilfe zu bitten, zog er Franca als Umzugshelferin und -organisatorin heran. Sie stand also morgens parat und wies die Mitarbeitenden des Umzugsunternehmens an, welcher Karton in welches Zimmer geräumt werden sollte, welche Schrankseite Tills und welche die seiner Frau sei, und stellte sicher, dass alles zu Tills Zufriedenheit erledigt wurde.

Auch hier zeigt sich wieder das Phänomen des Verschwindens der Grenze zwischen beruflichen Aufträgen und privaten Gefallen, was vonseiten der Führungskraft als völlig normal angesehen wird, die unterstellten Mitarbeitenden mit Aufträgen zu versehen, die mit ihrem Beruf überhaupt nichts zu tun haben. Und natürlich: Franca bekam weder einen Dank noch eine Entschuldigung für ihr Einspringen.

Wir sehen im Berufsleben täglich solche Grenzüberschreitungen und ein solch respektloses Verhalten. Seien es die Führungskräfte, die ihren Führerschein verlieren und wochenlang die Mitarbeitenden als Taxifahrer:innen missbrauchen, oder die Manager, die kein Problem darin sehen, Mitarbeitende regelmäßig mit der Besorgung von Essen zu beauftragen. All diese Fälle wurden mir berichtet, und so oder so ähnlich beobachtete ich auch selbst schon einige Situationen. Es zeigt, dass sich toxische Führungskräfte überlegen fühlen und finden, dass ihnen Bedienstete zustünden – völlig egal, ob diese Personen das möchten oder es in ihrem Arbeitsvertrag geregelt ist. Die Dreistigkeit, der man begegnet, sucht ihresgleichen.

Was tun? – »Dein Verhalten ist unangebracht und ich erwarte einen respektvollen Umgang.«

Letztendlich kommt es immer auf die Situation an: Charlotte und Alissa haben mit ihren selbstbewussten Reaktionen eine Grenze gezogen, jedoch ist das nicht immer möglich. Wer abhängig vom eigenen Job ist und sich in einem Arbeitsumfeld befindet, in dem man unter Umständen bei Widerworten um die Anstellung bangen muss, wird verständlicherweise nicht so mutig reagieren.

Es ist also Ermessenssache, wie man sich am besten verhält. Jedoch lässt sich ein fest etabliertes Verhaltensmuster feststellen, bei dem vermutlich so schnell keine Änderung zu erwarten ist. Und ist das Arbeitsumfeld in diesem Sinne toxisch, gilt es abzuwägen: Gibt es Chancen, dieses Verhalten zu melden und ein gesünderes Klima zu etablieren, oder wäre eine Flucht die bessere Option?

Natürlich ermutige ich jede:n Einzelne:n, klare Grenzen zu ziehen und unangebrachte Anfragen und Aufträge abzulehnen, gerne auch mit der entsprechenden Wortwahl – »Das gehört nicht in mein Arbeitsgebiet«, »Das ist grenzüberschreitend« oder »Das liegt in deiner Verantwortung und ich möchte nicht, dass du das auf mich überträgst.« Dennoch ist mir bewusst, dass es naiv wäre, davon auszugehen, dass sich jede:r so deutliche Grenzen leisten kann. Ist das unmöglich, ist man zumindest gut damit beraten, für sich selbst zunächst die persönlichen Grenzen festzulegen und sich dann damit zu beschäftigen, ob das Arbeitsumfeld das richtige für einen sei, oder man eine andere Umgebung benötige, um sich nicht ständig außerhalb des eigenen Verantwortungsbereiches zu bewegen.

»DIE HAT DOCH IHRE TAGE.«

Frauen stimmen entweder zu, oder sie stellen sich quer. Könnte man zumindest meinen, wenn man manche toxischen Männer reden hört. Frauen einen Platz am Tisch zu geben, ist der erste Schritt, doch diese Frauen kommen im Idealfall mit eigenen Meinungen, was natürlich auch zu Konflikten führen kann. In von toxischen Männern dominierten Meetings ist die Einstellung verbreitet, dass die Frauen zu Diversitätszwecken anwesend sein müssen, aber bitte der allgemeinen Meinung zustimmen sollten, anstatt sie zu hinterfragen und Änderungen vorantreiben zu wollen.

Mir selbst wurde schon Undankbarkeit vorgeworfen, als ich eine Entscheidung kritisch hinterfragt hatte, denn es sei ja schließlich nicht selbstverständlich, dass ich überhaupt am Termin teilnehmen dürfe. Und ja, ich wurde schon mehrfach gefragt, ob ich meine Tage hätte oder ob es einen anderen hormonellen Grund für mein widerborstiges Verhalten gäbe.

In den Augen dieser toxischen Männer hat eine Frau zu schweigen und zu lächeln. Dass viele Frauen diesem Bild nicht mehr entsprechen wollen, ist ein gutes Zeichen. Dennoch werden sie mit persönlichen Angriffen konfrontiert, die mit professionellem Verhalten nichts zu tun haben.

Toni ist beispielsweise ein Vertriebsmitarbeiter, der mit seiner Kollegin Fabienne für ein Projekt bei einem Kunden vor Ort war. Geplant waren drei Tage, um alles zu klären und den Plan vorzubereiten. Am ersten Tag aßen die beiden Kolleg:innen noch gemeinsam im Hotel, während am zweiten Tag der Projektverantwortliche auf Kundenseite fragte, ob man nicht gemeinsam essen gehen wolle. Toni und Fabienne sagten zu, und so verbrachte man einen entspannten Abend in einem nahegelegenen Restaurant in der Innenstadt.

Gegen Ende des Abends ging der Projektverantwortliche nach Hause, sodass noch Toni, Fabienne und ein Mitarbeiter des Kunden übrigblieben. Dieser war bereits leicht alkoholisiert und wollte offensichtlich noch nicht nach Hause gehen. Er fragte die beiden, ob sie nicht noch in eine Bar gehen wollten. Toni war begeistert, doch Fabienne wollte für den nächsten Tag fit sein und sich verabschieden. Toni wendete sich dem Kunden zu und fing an, über Fabienne herzuziehen – ja, in ihrem Beisein. Er sagte, dass man mit Frauen nicht rechnen bräuchte, sie seien Spielverderberinnen und man könne sich nicht auf sie verlassen. Fabienne müsse bestimmt noch ihre Nägel lackieren oder ihren Tampon wechseln. Der Kunde lachte, Toni lachte, nur Fabienne war peinlich berührt. Doch Toni war durch die Reaktion des Kunden angefeuert und fuhr fort. Es sei so sozial von ihrem Arbeitgeber, auch Frauen auf Kundenbesuche zu schicken, denn die Zeit, die sie im Badezimmer für Make-up und Frisur verbrächten, könnten ja schließlich nicht abgerechnet werden. Für ihn hingegen sei es kein Problem, jetzt noch den Abend feiern zu gehen, denn er spare als Mann ja so viel Zeit am Morgen, dass er trotzdem fit sein würde.

Fabienne verabschiedete sich und ging ins Hotel. Im Sinne der Professionalität sagte sie nichts dazu und beendete die Tagung. Allerdings sprach sie nach Reiseende sowohl Toni als auch ihre Führungskraft darüber an, dass die Kommentare sexistisch und herablassend gewesen seien. Erschreckenderweise (oder eben auch nicht …) erhielt Fabienne die Antwort, dass der Kunde sich äußerst positiv über die Tagung und speziell den gemeinsamen Abend geäußert hätte, dass das nun mal das »Showbusiness« sei. Wenn sie da nicht mitspielen wolle, sei sie wohl falsch, denn im Vertrieb sei der Kunde König, und manchmal müsse man dem König eben eine Show bieten.

Ich wünschte, ich könnte dies als Einzelfall hinstellen, doch Fabiennes Geschichte ähnelt so vielen mir erzählten Geschichten. Das Vorführen und Lächerlich-Machen von Frauen gegenüber Kunden scheint eine gängige Methode zu sein, um Vertrauen und Respekt toxischer Männer zu gewinnen. Es entsteht eine Dynamik, die vermittelt, dass es zwei Fronten gäbe, und man die gegnerische Seite, hier die Frauen, zur Stärkung der eigenen Machtverhältnisse verspotten müsse.

Christian war in der Geschäftsführung eines mittelständischen Unternehmens tätig und stellte mit Vorliebe hübsche, junge Frauen ein. Er förderte Rivalität im Team und genoss es, wenn die Mitarbeiterinnen um seine Gunst buhlten. Er war offensichtlich ein Mann voller Komplexe. Täglich stachelte er das Team an und fragte morgens erst einmal in die Runde: »Na, wer hat heute seine Tage?« Besonders auf Josefine hatte er sich eingeschossen. Die wunderschöne, empathische Mitarbeiterin hatte täglich Termine mit ihm und er kündigte jedes Mal schon zu Beginn an, dass er versuchen würde, sie zum Weinen zu bringen. Er startete die Unterhaltungen mit »Mal schauen, wie die Hormone heute so stehen« und brachte Josefine möglichst an ihre Grenzen. Schaffte er es, dass sie in Tränen ausbrach, sagte er: »Wusste ich doch, dass du heute emotional bist.« Ich muss nicht erwähnen, dass Josefine immer größere Angst vor den Meetings aufbaute und somit immer leichter zum Weinen gebracht werden konnte. Eine Spirale, die mit Josefines Kündigung endete – welche Christian natürlich auch ausdiskutieren wollte, um sie dann wieder zum Weinen zu bringen.

Eine weitere Geschichte erzählte mir Britta. Sie arbeitete zwei Hierarchieebenen unter dem Vorstand, ihr Manager Jan berichtete direkt an einen der Unternehmensvorstände. Jan entschied sich für einen monatlichen Termin mit einigen seiner direkten Mitarbeitenden. Er wollte so den Austausch in der Organisation stärken und eine Plattform für neue Ideen schaffen. Auch Britta nahm an diesen sich wiederholenden Terminen teil. Die ersten Monate waren geprägt von einer Frontalbeschallung durch Jan, doch bald war das Konzept etabliert und es wurde mehr diskutiert und besprochen.

Als es zum Brainstorming kam und ein Kollege eine Idee äußerte, beteiligte sich Britta und machte auf Risiken und Herausforderungen aufmerksam. Eine ähnliche Idee hatte sie bereits in ihrem vorherigen Unternehmen umgesetzt und war hierbei mit einigen Problemen konfrontiert gewesen. Jan fragte Britta vor allen Teilnehmenden, ob ihr Hormonspiegel außerhalb der Norm sei oder warum sie sonst auf die Idee käme, dass ihre Meinung hier relevant sei. Sie solle lieber in die Zuhörerrolle gehen, denn Zicken und Schlechtmacher:innen bräuchte es hier nicht.

Britta war peinlich berührt, hatte Jan sie doch vor hochkarätigen Führungskräften bloßgestellt. Sie hatte nicht mit völliger Begeisterung auf die Idee reagiert, sondern kritisch hinterfragt, aber das war ihr offensichtlich nicht erlaubt. Die anderen Teilnehmenden unterstützten Jans Verhalten, indem niemand eingriff.

Die Tabuisierung von Menstruation sowie die Nutzung des Themas zur Bloßstellung von Frauen, die nicht genau das sagen, was man hören möchte, sollte ein übles, ausrangiertes Relikt aus dem vergangenen Jahrhundert darstellen. Trotzdem wird nach wie vor auf das Schamgefühl der Frauen gehofft, wenn man sie durch Fragen wie »Du hast doch deine Tage, oder?« stummschalten will. Wir müssen diesen toxischen Männern diesen Hebel nehmen.

Was tun? – »Mein Körper ist meine Privatangelegenheit und ich möchte keine Kommentare dazu.«

Nenne das Problem beim Namen. Die Idee, dass man Frauen damit blamieren kann, wenn man sie nach ihrer Periode fragt, funktioniert nur dann, wenn der Frau das Thema unangenehm ist. Eine ernst gemeinte Frage zu dem Thema hat wohl kaum den Unterton, den die Fragen aus den Geschichten aufwiesen. Fragt mich jemand, ob ich Schmerzen habe oder mir unwohl sei, ist das völlig okay und vermutlich nett bzw. empathisch gemeint. Doch die Intention hinter diesen hier genannten Fragen war nie, zu erfahren, ob es der Frau gut geht, sondern sie mit einem so privaten und persönlichen Thema peinlich zu berühren, damit sie nicht weiter unangenehm auffällt.

Ich habe gute Erfahrungen damit gemacht, das Thema nicht totzuschweigen, sondern die entsprechenden Männer einfach direkt darauf anzusprechen. Entgegnet man zum Beispiel mit »Dass mein Menstruationszyklus für dich von Interesse ist, finde ich etwas verstörend – dir ist klar, dass eine solche private Frage am Arbeitsplatz nichts zu suchen hat?« oder »Interessierst du dich generell für die weiblichen Fortpflanzungsorgane? Dann kann ich dir ein gutes Buch empfehlen«, bekommt man in der Regel keine unangebrachten Fragen mehr.

Und für den eigenen Seelenfrieden: Diese Fragen sind ein Zeichen der Unsicherheit und fehlenden Kompetenz des Gegenübers, nicht mehr, nicht weniger. Wer solche Themen bei kritischen Fragen oder Anmerkungen heranziehen muss, dem fehlt es ganz offensichtlich an Fachwissen und Expertise, um auf professioneller Ebene zu bleiben.

EMOTIONSLOSE EXZELLENZ

Geprägt von toxischer Männlichkeit ist in den Führungsebenen vieler Unternehmen eine frostige Kälte spürbar. Distanz und Härte sind in den dort etablierten Führungsstilen fest verankert, während Verletzlichkeit und Nahbarkeit als Gefahr gesehen werden.

Die sogenannte »alte Schule« lehrte die Führungskräfte, mit Autorität zu agieren und niemals Schwäche zu zeigen. Dass das inzwischen unzeitgemäß ist, ist selbsterklärend. Allerdings sehen wir noch einige Überbleibsel dieser Kultur in den Führungsetagen, und zwar vornehmlich dort, wo wenig Selbstvertrauen herrscht. Bangen jene Führungskräfte um den Respekt der Mitarbeitenden, so orientieren sie sich an den autoritären Vorbildern aus der Vergangenheit. Und dadurch werden auch heute noch Organisationen von einer emotionslosen Exzellenz angeleitet, die ihresgleichen sucht.

Ich konnte beobachten, wie Führungskräfte ihre direkten Mitarbeitenden degradierten und kleinmachten. Ich wurde Zeugin von fragwürdigen Aussagen à la »Wenn ich nicht manchmal auf den Tisch haue, geht es ihnen zu gut«. Und als jemand, der selbst für den empathischen, nahbaren und mutigen Führungsstil einsteht, beobachte ich kritisch »Teflonleader«, an denen scheinbar alles abperlt, die alles dafür geben, weder menschlich noch angreifbar zu erscheinen.

In vielen Bereichen des Lebens haben wir verstanden, dass Druck nur Angst hervorruft, man mit einem Löffel Honig wesentlich mehr Fliegen fängt. Dennoch halten sich Führungskräfte mit toxisch männlichen Eigenschaften und Führungsstilen scheinbar wacker an den Spitzen deutscher Unternehmen.

Simon, ein Manager, für den ich eine kurze Zeit lang arbeitete, drohte jeden Tag im morgendlichen Meeting, dass er Mitarbeitende kündigen müsse, wenn die Zahlen weiterhin so schlecht seien. Dass dies ein Stilmittel und keine echte drohende Gefahr war, weiß ich, da ich mit Kolleg:innen in der Firmenzentrale in Kontakt stand – die Gewinne waren gut und gaben keinen Anlass zur Sorge. Dennoch ließ er uns als Team ständig neue Ideen erarbeiten, wie wir noch ein paar weitere Cents sparen könnten. Nachdem die offensichtlichen Maßnahmen erschöpft waren, kamen tatsächlich Vorschläge wie die Einschränkung der Toilettenbesuche pro Person, um Wasserkosten zu senken. Ein mindestens genauso toxischer Kollege führte im vorauseilenden Gehorsam eine Strichliste, wer wie oft die Toilette pro Tag benutzte, wie viel der Arbeitszeit durch Toilettenbesuche nicht effektiv genutzt werden konnte, und überwachte zusätzlich noch die Postfächer aller Kolleg:innen, um auf mangelnde Motivation und Produktivität hinweisen zu können.

Rückblickend hätte ich spätestens zu diesem Moment das Unternehmen verlassen müssen. Über die Zentrale erfuhr ich dann, dass alle Ersparnisse in Form eines Bonus in die Tasche des Niederlassungsleiters flossen. Es war toxische Männlichkeit aus dem Bilderbuch, mit Manipulation, Machtmissbrauch und Lügen, und Simon spielte bewusst mit der Angst der Mitarbeitenden, um sich einen finanziellen Vorteil zu verschaffen.

Dass man bei toxischer Männlichkeit zunächst an Männer denkt, ist sowohl dem Begriff als auch der Verbreitung geschuldet, das habe ich am Anfang des Besuchs bereits besprochen. Allerdings sehen wir auch zu genüge Frauen, die dem Idealbild des toxischen Mannes nacheifern, um beruflichen Erfolg zu erzielen.

Gabriela, eine Managerin in der hohen Führungsebene eines Konzerns, perfektionierte dieses Verhalten. Bereits als man ihre Einstellung kommunizierte, wurden viele Mitarbeitenden stutzig. Gabriela war im Unternehmen, in dem sie künftig eine durchaus ausschlaggebende Rolle spielen sollte, völlig unbekannt, daher schauten sich die Mitarbeitenden ihre bisherigen Rollen und ihren Werdegang an, und staunten nicht schlecht, als klar wurde, dass Gabriela für diese zukünftige Rolle laut Lebenslauf unqualifiziert war: Weder hatte sie bereits Erfahrung mit der Unternehmensgröße gesammelt, noch hatte sie jemals zuvor Berührungspunkte mit der Tätigkeit gehabt. Auch die Region war ihr neu.

Bald machten die ersten Gerüchte die Runde. Man konnte sich nicht erklären, wie sie an die Stelle gekommen war. Aus einer Ecke hörte man, dass sie sicherlich herausragende Fähigkeiten mitbringen müsse, die man eben nur im Gespräch, aber nicht auf dem Papier entdecken könne. Andere Vermutungen stützten sich eher darauf, dass eben dringend eine Frau in der sonst so männlichen Führungsetage benötigt würde, daher die Qualifikationen zweitrangig seien. Man bräuchte eine weibliche Person, die auf Fotos nett lächle, aber hätte keine weiteren Anforderungen gestellt.

Während alle Hoffnung auf der ersten Theorie lagen, stellte sich leider schnell heraus, dass eher die zweite Vermutung ins Schwarze treffen sollte. Während Gabriela bereitwillig für Pressetermine und Fotos präsentiert wurde, litt die Organisation. Ihre fehlenden Erfahrungen und Fähigkeiten zeigten schnell Auswirkungen: Entscheidungen wurden herausgezögert, Themen mit Priorität wurden vernachlässigt und die so dringend benötigte Strategie, Vision und Führung konnte Gabriela nicht bieten.

Stattdessen zeigte sich das Phänomen der Emotionslosen Exzellenz: Um in der Führungsriege nicht unterzugehen, eignete sich Gabriela Eigenschaften an, die nur so vor toxischer Männlichkeit strotzten. In ihrer Gleichgültigkeit, Empathielosigkeit und Ignoranz sollte sie bald nicht mehr zu übertreffen sein. Es schien fast so, als würde sie davon ausgehen, dass diese Eigenschaften sie in diesem Job erfolgreich machen würden.

Sprach man mit Menschen, die vor diesem Wechsel mit Gabriela gearbeitet hatten, ergab sich ein völlig anderes Bild von ihr: Sie scheint davor eher für Empathie und Nahbarkeit gestanden zu haben. Es liegt also die Vermutung nahe, dass die Emotionslose Exzellenz eine Entscheidung war – oder zumindest aus dem Druck der Rolle und des Umfeldes entstanden ist. So oder so, Gabriela gab sich hart, unnahbar und emotionslos. Sie schien viel Wert darauf zu legen, dass niemand ihre private Seite und sie gegebenenfalls sogar verletzlich sah.

So kam es, dass während eines Termins der Führungsriege darüber gesprochen wurde, dass Beziehungen im Berufsleben durchaus wichtig seien. Gabriela allerdings betonte, dass sie Privates und Berufliches strikt trenne, dass sie in keinem Fall wolle, dass so etwas wie eine Freundschaft mit einer auch hier arbeitenden Person entstehe.

Natürlich muss man Freundschaften am Arbeitsplatz mit Bedacht eingehen. Einerseits kann es zu harten Entscheidungen kommen, bei denen man niemanden aufgrund der persönlichen Sympathie oder Antipathie bevorzugen oder benachteiligen sollte. Andererseits ist ganz logisch die Hürde kleiner, bei zu besetzenden Stellen einen Menschen auszuwählen, mit dem man eine freundschaftliche Beziehung pflegt. Man kann immer wieder Entscheidungen zu Gunsten von Kandidat:innen beobachten, die nicht die objektiv beste Wahl sind, sondern persönlich bevorzugt werden – das gilt es selbstverständlich, zu vermeiden.

Trotzdem ist die Idee, möglichst kalt und unnahbar zu wirken, weder effektiv noch empfehlenswert. Führung kann heute nicht mehr kalt und distanziert sein, wenn Mitarbeitende Wert auf psychologische Sicherheit, Identifikation mit den Unternehmenswerten und auch Spaß bei der Arbeit legen. Professionelle Entscheidungen zu treffen, ist genauso wichtig, wie Mitarbeitenden zu zeigen, dass man sie schätzt und eine Beziehung auf Augenhöhe anstrebt.

Gabriela würde mir hier sicher widersprechen. Doch auch ihr Misserfolg in der Position gibt mir Recht: Ein Leadership, wie sie es vorlebte, ist heute nicht mehr von Dauer. Das zeigt auch die Tatsache, dass sie inzwischen nicht mehr in der Position tätig ist.

Auch ich hatte eine Begegnung mit Gabriela, die mir im Gedächtnis geblieben ist. So wurde ich gebeten, Arbeitsergebnisse im Rahmen eines virtuellen Meetings mit ihr und anderen Führungskräften vorzustellen. Ich bereitete mich gut vor, bastelte an schicken PowerPoint-Folien und hatte meinen roten Faden im Hinterkopf. Ich war nervös, ja, aber ich hatte alles Nötige parat, um die Teilnehmenden zu überzeugen. So startete ich in das Meeting, teilte meine Folien, präsentierte die Inhalte und hoffte auf wertvolle Fragen und gutes Feedback.

Gabriela jedoch stützte ihren Kopf gelangweilt auf, schaute nach unten, verdeckte ihre Augen und zeigte ganz offen ihr Desinteresse. Ich war irritiert, da ich speziell aus der Führungsetage ein solches Verhalten nicht kannte, und so schrieb ich einer anderen Teilnehmerin eine kurze private Nachricht, in der ich fragte, ob ich etwas falsch machte oder Gabriela eventuell nicht bewusst war, dass ihre Kamera an war. Ich erhielt die Antwort, dass alles gut sei und dieses Verhalten Gabrielas völlig normal sei – es war niemandem sonst an dem Tag aufgefallen, da es alle von ihr gewohnt waren. Ich schloss meinen Vortrag ab, bedankte mich und verließ den Termin.

Ironie des Schicksals: Wenige Wochen später erhielt Gabriela eine offizielle Anfrage zu genau dem Thema, zu welchem ich präsentiert hatte. Alle Informationen, die ich vorgestellt hatte, erhielten die Teilnehmenden im Nachgang per E-Mail, trotzdem kam sie auf mich zu und bat mich um Informationen – Informationen, die ich ihr präsentiert und zugesendet hatte. Ich schickte praktisch dieselben Informationen erneut, nur mit aktualisiertem Datum.

Ein anderer Manager, Charlie, bemühte sich ebenfalls, möglichst kalt und distanziert zu wirken – ob das eine Fassade oder seine wahre Persönlichkeit war, kann ich nicht beurteilen. Er war in einem mittelständischen Unternehmen in leitender Funktion für eine Handvoll Mitarbeitende verantwortlich. Unter anderem war Alina in seinem Team – eine Mitarbeiterin, die sowohl ohne Beschwerden Überstunden leistete als auch überdurchschnittlich gute Zahlen lieferte. Der Job erforderte, dass man potenzielle Kund:innen identifizierte und Verkäufe abschloss. Es gab eine physische Ablage am Schreibtisch aller Mitarbeitenden, in der ausgedruckt die Kund:innendaten mit Potenzial abgelegt wurden, um sie dann nach und nach abzutelefonieren.

Alina erfuhr eines Tages von dem Tod ihrer Großmutter. Das traf sie hart, da sie eine enge Beziehung gepflegt hatten, sie wollte also selbstredend an der Beerdigung teilnehmen und bat um einen spontanen Urlaubstag, der ihr auch genehmigt wurde, so fuhr sie zur Beerdigung, um ihrer Großmutter die letzte Ehre zu erweisen. Als sie am nächsten Tag ins Büro kam, war ihr Ablagefach leer. Tausende von Euros an potenzieller Provision sowie stundenlange investierte Arbeit waren verschwunden. Sie sprach Charlie darauf an, der bestätigte, dass er die Unterlagen an sich genommen hatte – wobei er es nicht als unlauter ansah, sondern als sein Recht.

Als Alina ihn erschüttert fragte, wie er das über sein Herz bringen konnte, antwortete er, dass das Business nun mal hart sei. Sie solle ihm dankbar sein für die Lektion, die sie nun durch ihn gelernt habe: Man nehme sich wegen so etwas doch keinen Urlaub. Wenn man seinen Job nicht ernst nähme, würde so etwas eben passieren – Pech gehabt. Er war völlig unbeeindruckt von Alinas Entsetzen und blieb dabei, dass das Leben nun mal so sei. Sie müsse härter werden und solle nichts persönlich nehmen, sonst würde sie nie erfolgreich werden.

Fabian ist ein weiteres Beispiel für das Bedürfnis einiger Manager:innen, möglichst kalt und emotionslos zu wirken. Er stieg seit einigen Jahren in einem Konzern kontinuierlich die Karriereleiter hinauf. Jedoch sollte ihm bald zum Nachteil werden, dass die Bewertungen anderer Mitarbeitenden immer deutlicher ausfielen: Seine Empathielosigkeit wurde deutlich kritisiert. Fabian selbst rühmte sich jedoch mit eben dieser Eigenschaft. Er sei nicht so weich und verletzlich wie einige Kolleg:innen, und man könne nur taff und ohne Schwäche wirklich erfolgreich sein.

Dass diese Einstellung aber bald karrierebehindernd für ihn sein würde, hätte er sich nicht erträumt. Bald wurde nicht mehr er befördert, sondern ein Kollege mit besseren Werten und Umgangsformen. Fabian wurde gespiegelt, dass man es sich nicht mehr leisten könne, Manager:innen mit entsprechend schlechten Werten zu befördern. Man stellte ihm daher einen Coach zur Seite, um an den entsprechenden Themen zu arbeiten. Doch bereits nach der ersten gemeinsamen Stunde brach Fabian das Coaching mit folgender Begründung ab: Der Coach hatte ihm Fragen zu seiner Person gestellt, er aber sei keiner von diesen Hippie-Managern, die den Mitarbeitenden ihre private Seite zeigen würden.

Manager:innen wie Gabriela, Fabian und Charlie stehen stellvertretend für eine Gruppe Menschen, die in ihren Führungspositionen ein Bild erfüllen, das nicht für die Führung der Zukunft steht. Doch leider sind solche Leader:innen immer noch weit verbreitet.

Was tun? – »Hier ist für mich eine Grenze.«

Wer sich in der Situation wiederfindet, an eine empathielose Führungskraft zu berichten, hat sicherlich kein leichtes Arbeitsleben. Themen wie Vertrauen, Fehlerkultur oder Feedback werden erschwert, genau wie die so wichtige psychologische Sicherheit.

Ich habe die Erfahrung gemacht, dass es hilfreich ist, zwei Punkte zu priorisieren: zuerst einmal eine *klare Kommunikation*. Oft hilft es, deutlich und bestimmt zu kommunizieren. Sowohl Grenzen zu ziehen (»Ich möchte bitte, dass die Aufmerksamkeit auf meinem Vortrag liegt«), als auch Bedürfnisse zu verbalisieren (»Ich wünsche mir von dir als Führungskraft, dass wir ein Vertrauensverhältnis aufbauen, sodass ich mich sicher fühlen kann, mit Fragen, Anliegen und Wünschen zu dir zu kommen«), kann helfen, der Person aufzuzeigen, dass der Führungsstil der Emotionslosen Exzellenz hier nicht funktioniert.

Der zweite wichtige Punkt ist das *Nutzen des eigenen Netzwerks*. Selbst wenn man sich mit einer solchen Person konfrontiert sieht, ist dies sicherlich nicht die einzige Art Mensch. Meiner Erfahrung nach handelt es sich dabei eher um Ausnahmen. Man sollte sich unbedingt bewusst machen, dass der Wirkungsraum von Emotionslosen Exzellenzen groß sein kann, aber es auch viele beeindruckende, empathische Menschen gibt, die man zu Rate ziehen kann – und sollte.

Letztendlich muss aber jede:r selbst entscheiden, wo die persönliche Schmerzgrenze liegt. Ist man zu sehr von der Empathielosigkeit der Führungskraft betroffen, ist man unter Umständen auch besser beraten, sich nach der nächsten Herausforderung umzusehen. Niemand sollte sich quälen müssen – und die Arbeit mit einem Eisklotz kann eben zu Erfrierungen führen.

AUSSENWIRKUNG UND INNENSICHT

Hinter dem Sprichwort »Wolf im Schafspelz« steckt viel Wahrheit. Im Businesskontext kann man viele Menschen beobachten, die sich so laut und stark als großartige Führungskräfte platzieren, dass es nicht zu überhören ist. Oftmals setzen sich solche Manager:innen vom ersten Eindruck her geradezu mit Nachdruck für Gleichberechtigung und die Förderung von Mitarbeitenden ein, sie haben eine so gesunde Kultur in der von ihnen geleiteten Organisation etabliert, dass alle neidisch sind und für sie arbeiten wollen.

Ironischerweise sind es oft genau diese Führungskräfte, die bei genauerem Hinsehen hochgradig toxisches Verhalten zeigen. Sie erzeugen ein Bild von sich und ihrem Führungsstil, das zu schön zu sein scheint, um wahr zu sein – was häufig stimmt. Selbst- und Fremdbild klaffen weit auseinander und hinter den Kulissen erkennt man schnell, dass nicht alles Gold ist, was glänzt.

Ich arbeitete vor einigen Jahren für einen Manager, der viel Zeit und Energie verwendete, um sich zu positionieren und als grandiose Führungskraft darzustellen. Nach außen hin machten ihn ein gesunder Umgang mit Fehlern, eine gute Teamkultur und die Förderung seiner Mitarbeitenden aus. Er fehlte bei keinem Meeting, stellte sicher, dass seine Stimme immer gehört wurde und sein Name in aller Munde war.

Schaute man aber genauer hin, so waren unrealistische Ansprüche, subjektive Bewertungskriterien und Machtmissbrauch an der Tagesordnung. Mit objektiven Daten und Ergebnissen, die nicht seiner Wunschvorstellung entsprachen, brauchte man gar nicht erst zu ihm kommen. Sein Wort war Gesetz, seine Meinung die einzig valide. Passte ihm etwas mal nicht, wurde er gerne laut. Er zog sich Mitarbeitende heran, die sich ihm unterordneten und für ihn all das erledigten, wofür er die Lorbeeren kassierte, um dem Team dann zu erklären, dass das doch alles gar nicht so viel Arbeit sei. Ein Schlag ins Gesicht für die Mitarbeitenden, die stundenlang und hart arbeiteten, um sein Scheinbild aufrechtzuerhalten. Widersprach man ihm, bekam man seine Wut zu spüren. Ein Mitarbeiter, der sich auflehnte und weigerte, seine Befehle stupide auszuführen, hatte einige Wochen später die Kündigung auf dem Tisch – theatralisch und wirkungsvoll, um ein Zeichen zu setzen für alle, die mit ähnlichen Gedanken spielten. Doch nach außen mimte er den Inbegriff eines modernen Managers, für den man unbedingt arbeiten wollte.

Noch mehr Schaden richtete Manuel an. Er war als Chefarzt in einem Krankenhaus tätig, wo er angehimmelt wurde. Weit über den für Ärzte relativ üblichen Ruf als »Götter in Weiß« hinaus genoss er Ansehen und war bekannt als der fehlerfreie Arzt, der zudem so jung war wie kaum jemand in seinem Stand. Für dieses Image tat Manuel beinahe alles. Er baute seinen Selbstwert auf diesem Ruf auf, also wollte er genau dies auch bleiben: fehlerlos.

Dass niemand, auch kein Arzt, fehlerlos ist, muss ich niemandem erklären. Manuel machte Fehler, wie alle seine Kolleg:innen. Der Unterschied liegt im Umgang mit diesen Fehlern. Manuel hat Unmengen an Zeit und Energie darauf verwendet, ein System der Fehlervertuschung um sich herum aufzubauen. Er zwang sein Operationsteam dazu, die Berichte zu fälschen, um Fehler unter den Teppich zu kehren und notwendige Korrekturen zu verschweigen. Dafür musste nicht nur sein Team für ihn lügen und sich selbst vor Fehlern fürchten, sondern er gefährdete auch die Gesundheit und den Heilungsprozess der Patient:innen massiv.

Das Ende der Geschichte war natürlich, dass sein Lügenkonstrukt irgendwann aufflog. Manuel wurde nicht nur fristlos gekündigt, sondern von diversen Teammitgliedern verklagt. So ruhmvoll sein Aufstieg gewesen war, so traurig war sein Abgang. Seine Obsession mit Perfektion und Unnahbarkeit sollte ihn nicht nur den Beruf kosten – ihm wurde die Approbation entzogen und er darf seither nicht mehr als Arzt arbeiten –, sondern fiel ihm so sehr auf die Füße, dass er das ihm bedeutsamste verlor: sein Ansehen bei anderen.

Gustav ist ein weiterer Mann, der viel Energie in die Erschaffung eines unrealistischen Außenbildes steckte. Er war Berater und half Menschen bei der Selbstpositionierung, der Verbesserung ihrer Kommunikation und der Akquise von Aufträgen. Hierbei legte er besonders viel Wert auf die wiederholte Betonung, dass man selbst die erforderliche Inspiration, Kreativität und Motivation in sich tragen müsse. Solche wichtigen Themen dürfte man nicht auslagern, denn Authentizität sei hierbei das A und O. Er erzählte seinen Kund:innen, wie er tagtäglich an seiner Präsenz arbeitete, Texte verfasste und auf ganz natürliche Weise durch das Teilen seiner Gedanken zum Publikumsliebling würde.

Er verschwieg jedoch, dass er diverse Menschen dafür bezahlte, eben diese kreative Arbeit für ihn zu erledigen. Seine tatsächliche Arbeit beschränkte sich darauf, diese Menschen anzuweisen und ihre Fragen zu beantworten. Sein Produkt basierte auf einer Lüge. Er suggerierte, dass man nur dann erfolgreich sein könnte, wenn man sich authentisch positionierte, während er das genaue Gegenteil dessen lebte. Gustav sollte zwar einige Zeit damit erfolgreich sein, doch irgendwann offenbarte es sich auch seinen Kund:innen, dass er einen Traum verkaufte, den er selbst nicht lebte. Nach und nach brach ihm der Kundenstamm weg, sodass er das Team hinter sich auch nicht mehr bezahlen konnte und somit die so dringend nötige Arbeit für seine eigene Positionierung nicht mehr erledigt wurde. Sein Geschäft löste sich langsam, aber sicher in Luft auf.

Noel war ebenfalls geübt darin, sich bestens darzustellen. Er führte diverse große Unternehmen im Lebenslauf auf und bauschte seine Tätigkeiten so auf, dass ihm immer größere und wichtigere Rollen angeboten wurden. Er erreichte sein Ziel: Durch die anderen Unternehmen, die ihn eingestellt hatten, erhielt er Angebote von allen Firmen, bei denen er arbeiten wollte. Bald war er auf einem Level, auf dem Arbeitszeugnisse unüblich sind und seine Erklärungen, dass er das Unternehmen aufgrund der fehlenden Möglichkeiten für das eigene Wachstum verlassen hatte, ohne Hinterfragen hingenommen wurden.

Die bittere Wahrheit war allerdings, dass Noel immer nur für kurze Zeit beschäftigt war, bis man sich auf Aufhebungsverträge geeinigt hatte. Er überbrückte die ersten Monate mit der Ausrede der Einarbeitung, und ließ danach seine Teams so lange seine Arbeit erledigen, bis seine fehlende Qualifizierung und Arbeitswilligkeit aufflogen. Doch bis man sich dann geeinigt hatte, war bereits ein Jahr vergangen, sodass er diverse vorzeigbare Referenzen hatte – wenn auch ohne gute Bewertung.

Noels Beispiel zeigt wunderbar, wie weit man kommen kann, wenn man sich nur gut genug verkauft. Dabei spielt Kompetenz oft eine eher nachgelagerte Rolle, wenn man sich nur laut positioniert. Und vermutlich vereint Noel mit den anderen Menschen aus diesen Geschichten, dass er eine Fiktion erschuf, der er so gerne entsprechen würde.

Tragischerweise sehen wir immer wieder solche Figuren. Der (selbst auferlegte) Perfektionsdruck scheint einige Menschen dahingehend zu beeinflussen, dass sie ein unrealistisches Bild von sich erschaffen. Sie kreieren eine Persona, die so nicht existiert. Warum? Vermutlich, weil sie davon ausgehen, dass sie, wenn sie authentisch wären, nicht akzeptiert werden würden, geschweige denn erfolgreich wären. So traurig das auch sein mag – als erwachsene Menschen haben wir nun mal die Aufgabe, uns unseren Unsicherheiten und Ängsten zu stellen und uns, wenn notwendig, die entsprechende Hilfe zu holen. Das scheint der wesentlich gesündere Weg zu sein, als eine fiktive Figur zu erschaffen, die all das darstellt, was man gerne wäre.

Was tun? – »Das hat nichts mit der Realität zu tun.«

Die Frage lautet zunächst: Ist man gezwungen, mit diesem Menschen zu arbeiten, oder kann man problemfrei weiterziehen? Lassen es die äußeren Umstände zu, würde ich hier immer raten, sich nicht mehr mit dem Menschen zu umgeben und sich ein neues Umfeld mit gesunder gelebter Kultur zu suchen. Erfahrungsgemäß kommt eben doch alles irgendwann zurück und ich kenne (noch) niemanden, der ein im beschriebenen Sinne unrealistisches Selbstbild mit langfristigem Erfolg künstlich erzeugen konnte.

Kann man aufgrund äußerer Umstände sich nicht aus der Situation entfernen, sollte man mit anderen reden. Nicht selten schaffen solche Menschen es, einen zu manipulieren und tatsächlich glauben zu lassen, dass sie dem erschaffenen Bild entsprechen. Um hier den Realitätsbezug nicht zu verlieren, muss man sich mit anderen austauschen und sich immer wieder erden. Stimmen die Aussagen so? Wie würde eine neutrale Person die Geschehnisse hinter den Kulissen einordnen? Wer für ein solches Verhalten Ausreden findet, läuft Gefahr, eine Grenzverschiebung mitzumachen. An einem Tag sind es Kleinigkeiten, die man hinnimmt, aber am nächsten zweifelt man an der eigenen Wahrnehmung. Sich nicht manipulieren zu lassen und einen realistischen Blick zu wahren, ist hier zwar oft schwer, aber unerlässlich. Und das funktioniert erfahrungsgemäß am besten dank der Meinungen Außenstehender.

DIE MUTTER AUF DEM ABSTELLGLEIS

Eine Frau im gebärfähigen Alter steht im beruflichen Kontext oft unter Generalverdacht: Wenn sie denn nicht schon schwanger ist, wird sie es sicherlich bald. Ihr eine verantwortungsvolle Aufgabe zu geben, ist daher nicht zu empfehlen, und persönliche Fragen zu stellen, scheint völlig akzeptabel zu sein. Das ist zumindest das weiterhin in Unternehmen verbreitete Bild. Denn nach wie vor werden Frauen zu ihren Familienplänen befragt und für diese verurteilt. Und hierbei scheint es nebensächlich zu sein, ob man arbeitende Mutter, Hausfrau und Mutter oder gar keine Mutter sein möchte. Es scheint irrelevant zu sein, welches Modell man für sich persönlich wählt – sicher sind einzig die unangebrachten Fragen und die auferlegte Karrierelimitierung.

Ich habe keine Kinder – und möchte auch keine. Die Rolle der Mutter möchte ich nicht einnehmen – ich fühle mich wohl als Patentante und möchte die Verantwortung für ein eigenes Kind nicht übernehmen. Dass ich so denke, wissen die meisten Menschen in meinem privaten Umfeld. Im Bewerbungsgespräch offenbare ich meine Gedanken zur Familienplanung selbstverständlich nicht. Dennoch wurde ich schon mehrfach dazu befragt, wann ich denn nun Kinder planen würde. Ein Manager fragte mich gar, ob ich denn schon den richtigen Mann gefunden hätte, der dann der Vater meiner Kinder werden würde. Ein Kollege war überaus daran interessiert, ob ich mich denn eher in der Teilzeitrolle sähe oder perspektivisch als Vollzeitmutti zu Hause bleiben wollen würde.

Das Thema Mutterschaft ist für mich nicht emotional, da ich frei und aus eigenen Stücken eine Entscheidung für mich treffen konnte. Stelle ich mir aber vor, dass diese Fragen Frauen gestellt werden, die diese Entscheidung nicht selbstständig treffen konnten oder können, läuft es mir eiskalt den Rücken herunter. Es gibt so viele Frauen, die unfruchtbar sind, Fehlgeburten erlitten haben, oder für die das Thema aus sonstigen Gründen emotional oder schmerzhaft ist. Und aus für mich nicht nachvollziehbaren Gründen scheint es trotzdem als akzeptabel zu gelten, Frauen immer wieder mit einem so privaten Thema zu konfrontieren – ungefragt und im Arbeitskontext.

Felicita zum Beispiel hat mit Ende zwanzig geheiratet, danach gab es Spannungsthemen zwischen ihr und ihrem Ehemann rund um das Thema Kinder. Ihr Ehemann wollte unbedingt eine Familie gründen und möglichst schnell Kinder bekommen, während sie zurückhaltender war. Sie war sich noch nicht sicher, ob sie überhaupt Mutter werden wollte, und wenn, dann nicht jetzt. Sie hatten das Thema bereits vor der Hochzeit ausreichend durchdiskutiert, und letztendlich war seine Aussage gewesen, dass er lieber kein Vater werden würde, als sie zu verlieren. Dennoch war das Thema für Felicita emotional besetzt und sie versuchte, sich nicht unter Druck zu setzen, nur weil ihr Mann gerne bald Vater werden würde.

Florian, Felicitas Manager, war ein sehr von sich überzeugter Mann, der ganz offen und ohne Scham primär junge, hübsche Frauen für Jobs einstellte, die in seinen Augen entbehrlich waren. Die elementaren, in seinen Augen wichtigen Jobs vergab er ausschließlich an Menschen ohne Uterus. Felicita war eine dieser für ihn fachlich nicht so relevanten, aber schön anzuschauenden Mitarbeiterinnen. Zu ihrer Hochzeit erhielt sie eine Glückwunschkarte des Teams, in die Florian »na, wann kommt das Baby?« geschrieben hatte. Ab diesem Zeitpunkt durfte sie sich täglich Sprüche anhören und Florian verlor jegliches Gefühl für Grenzen – ihr Privatleben war für ihn zu einem öffentlichen Schauplatz geworden:

»Ist es jetzt so weit oder hast du nur gut zu Mittag gegessen?«

»Sollen wir schon mal eine Babyparty für dich organisieren?«

»Das Üben ist eh das Schönste, genieß das, dein Mann tut es sicher!«

Als wäre all das nicht schon schlimm genug, wurde Felicita auch nicht mehr in wichtige Projekte eingebunden. »Weiß ja keiner, wann du ausfällst, und dann müssen wir jemand anderen einarbeiten, das ist viel zu viel Arbeit.« Florian ließ keine Gelegenheit aus, um Felicita zu zeigen, dass sie sich nun auf dem Abstellgleis befand. Laut seiner Aussagen warteten alle auf ihren Ausfall und für den Arbeitsmarkt sei sie nun nichts mehr wert.

Felicita ist, völlig unabhängig davon, ob sie nun Kinder bekommen wird oder nicht, eine Bereicherung für jedes Team. Und selbst, wenn sie das nicht wäre, hätte sie ein Recht darauf, nicht diskriminiert zu werden. Abgesehen von der Diskriminierung und Abwertung verpasst Florian also auch noch die Chance, ihr Potenzial für sich und sein Team zu nutzen. Und was er Felicita mit den Sprüchen antut, für die die Situation ohnehin belastend ist, ist ihm weder bewusst, noch interessiert es ihn.

Ingrid ist seit beinahe 20 Jahren in einem anderen Unternehmen tätig, seit über 15 Jahren verheiratet und hat drei Kinder. Ingrid und ihr Mann hatten im Rahmen der Familienplanung die Kinderbetreuung besprochen und waren zu dem Entschluss gekommen, dass sie beide in Vollzeit weiterarbeiten wollten und die Betreuung durch Verwandte und Au-Pairs abdecken würden. Dieses System hatte für die Familie wunderbar funktioniert, sodass sie, als die ersten beiden Kinder ein paar Jahre älter waren, sich für ihr drittes Kind entschieden. Wie auch bei den vorherigen Schwangerschaften würde Ingrid wieder das Minimum an Elternzeit nehmen und teilte ihrem Manager Andreas Anfang und Ende ihres Mutterschutzes mit.

Andreas gratulierte ihr zur Schwangerschaft und merkte dann an, dass sie mit drei Kindern ja wohl nicht weiterhin »einen auf Businessfrau machen« wollen würde und fragte, wie viele Stunden sie künftig arbeiten wolle, denn Vollzeit könne es ja wohl kaum sein. Er schlug 40 Prozent vor, das sei doch ganz nett, entweder zwei volle Tage oder jeden Tag ein paar Stündchen, um mal etwas anderes zu sehen als das Hausfrauenleben.

Ingrid verschlug es die Sprache, und sie konnte sich nicht erklären, wie er auf die Idee gekommen war, ihr in solche Entscheidungen hineinzureden. In meinem Gespräch mit Ingrid fing sie an, sich zu rechtfertigen. Sie sei nie zu spät gekommen, niemals krank gewesen, es habe nie Anzeichen dafür gegeben, dass sie sich mit den zwei Kindern überfordert fühle und dass es jetzt beim dritten Kind anders laufen müsse. Auch in den Leistungsbeurteilungen wäre Andreas immer positiv gewesen, er hätte niemals angedeutet, dass sich ihre Rolle als Mutter negativ auf ihre Leistungen als Mitarbeiterin ausgewirkt hätten.

Ingrids Rechtfertigungen ließen mich mit einem schlechten Gefühl zurück. Wir geben als Gesellschaft Müttern das Gefühl, dass sie bloß nicht auffallen dürfen. Dass ihre Leistungen im Arbeitsmarkt sich in keinem Fall ändern dürfen. Dass sie bitte im Krankheitsfall einen Weg zu finden haben, wie sie das Kind dann abschieben und selbst arbeitsfähig bleiben können. Aber das ist absolut unrealistisch. Dass Ingrid beschließt, in Vollzeit zu arbeiten und die Kinderbetreuung auszulagern, ist ihre ganz persönliche Entscheidung. Und dass sie das Gefühl hat, sich rechtfertigen zu müssen, ist inakzeptabel.

Dass hier etwas nicht grundlegend stimmt, sehen wir auch am Beispiel Simones. Als alleinerziehende Mutter eines Kindes arbeitete sie seit einigen Jahren in einem Konzern. Sie hatte sich im Laufe der Jahre ein Expertenwissen angeeignet, von dem die ganze Abteilung profitierte, und so kamen täglich

Kolleg:innen mit Fragen auf sie zu, wenn sie nicht weiterwussten. Simone wusste aber immer weiter. Sie war ein elementarer Teil des Teams und wurde sowohl fachlich als auch menschlich geschätzt.

Simone variierte ihre Arbeitszeit, je nach den Bedürfnissen ihres Kindes, und leistete mal mehr, mal weniger Stunden. Sie fühlte sich deshalb schuldig, und gestand einmal im Teammeeting, dass es ihr vorkomme, als würde sie ihr Team im Stich lassen. Vehement wurde ihr widersprochen, und ihr Manager erwiderte: »Und selbst wenn du nur eine Stunde in der Woche arbeitest, du bist Teil des Teams und dein Wissen ist unendlich wertvoll für das Unternehmen.«

So schön diese Aussage ist, so ernst war sie gemeint. Doch alles sollte sich ändern, als Simones Manager das Unternehmen verließ und Thomas übernahm. Dieser machte sich schnell ein Bild vom Team und ließ keinen Zweifel daran, dass nur die Personen mit Überstunden einen Wert für ihn hatten. Simone suchte das Gespräch und erklärte ihm ihre private Situation, dass sie in Teilzeit arbeitete und immer versuchen würde, möglichst gut für das Team da zu sein, aber eben auch – zudem allein – ein Kind großziehe. Thomas wimmelte sie mit der Aussage ab, dass das schon passen würde, es gäbe ja überall Mütter und man würde sich arrangieren.

Als Simone sich irgendwann einen Tee holen wollte, bekam sie in der Kaffeeecke ein Gespräch zwischen Thomas und einem Kollegen mit, bei dem Ersterer verkündete, dass er auch nicht wüsste, was er mit der »Teilzeittussi« anfangen solle, die müsse er irgendwie beschäftigen, da rausschmeißen wohl keine Option sei. Er würde schon ein paar Blätter finden, die man lochen, tackern und stempeln könne. Simone war selbstverständlich getroffen und verletzt. Sie fühlte sich wertlos und in ihrer Vermutung bestärkt, dass sie keinen Mehrwert für das Team und das Unternehmen darstellte.

Letztendlich suchte sich Simone einen neuen Job und verließ das Unternehmen. Sie hätte den Arbeitgeber nicht gewechselt, wenn sie nicht das Gefühl vermittelt bekommen hätte, eine Last zu sein. Ihr neues Unternehmen bringt ihr Wertschätzung entgegen und das von ihr mitgebrachte Fachwissen wird dort täglich genutzt. Diese Beispiele verdeutlichen vor allem eins: Man kann es als Frau oder Elternteil nicht richtig machen. Ob man nun Kinder bekommt, diese allein großzieht, sich Unterstützung holt oder sich gar komplett gegen die Mutterrolle entscheidet – es wird einem zum Nachteil ausgelegt.

Was tun? – »Meine Familienplanung ist privat und steht nicht zur Diskussion.«

Besonders auffallend finde ich, dass andere Länder es besser schaffen als wir hier in Deutschland, die Themen rund um Kindererziehung und Familienplanung zu gestalten. Die Arbeitsbedingungen in Deutschland sind unzureichend familienfreundlich und ein Mann in Elternzeit ist immer noch Exot und wird schief angeschaut. Noch absurder scheint es in der deutschen Arbeitswelt zu sein, dass ein Mann in Teilzeit arbeitet und die Kinder aus der Schule abholt. Wir müssen die Klischees aufweichen und als Gesellschaft verstehen, dass diese Aufgabe, die Eltern mit der Entscheidung für Kinder übernommen haben, letztendlich eine gesellschaftliche ist, die für uns alle wichtig ist. Wer Kinder großzieht, hat eine immense Verantwortung und sollte sich nicht wie eine Last fühlen.

Als Frau, die Kinder weder hat noch will, kann ich hier natürlich schlecht Ratschläge erteilen, wie man mit einer solchen Situation umgeht. Was ich aber kann, ist das wiederzugeben, was die Frauen im Gespräch mit mir teilten.

1. Tipp: Dokumentieren und Hilfe suchen. Auch wenn das beschriebene Verhalten relativ verbreitet ist, so wird es in der Regel von Unternehmen nicht geduldet – Veränderungen erreicht man allerdings meist nur, wenn man aktiv auf Missstände hinweist. Schreibe alles auf, dokumentiere E-Mails und Gespräche, wende dich an eine vertrauensvolle Stelle, sei es die Personalabteilung oder eine Ombudsperson – je nach Unternehmen unterscheiden sich die Anlaufstellen, aber man sollte sich nicht scheuen, sie aufzusuchen.

2. Tipp: Widersprechen und aufmerksam machen. Nimm ein solches Verhalten nicht wortlos hin, sondern widerspreche klar und deutlich. »Ich denke nicht, dass mein Wert von meinem Beschäftigungsgrad abhängt« oder »Es ist diskriminierend, Mitarbeitende aufgrund ihres Privatlebens zu benachteiligen« können Sätze sein, die dein Gegenüber verstummen lassen, im Idealfall sogar zum Nachdenken bringen. Auch Kolleg:innen einzubinden und sie darauf hinzuweisen, dass es sich um eine Ungleichbehandlung handelt, kann helfen, um unterschwellige Spitzen zu unterbinden.

3. *Tipp: Gehen.* Letztendlich sollte man sich in keinem Beschäftigungsverhältnis befinden, das den Selbstwert untergräbt oder die privaten Lebensentscheidungen verurteilt. Helfen die Eskalationsstufen nicht, sollte man die Reißleine ziehen. Verlässt man das Unternehmen, ist es wichtig, dass man die ehrlichen Gründe kommuniziert. Dass familienfreundliche Arbeit unmöglich ist, sollten die Verantwortlichen wissen, denn nur so können sie gegebenenfalls Taten folgen lassen.

»MACH DOCH WAS MIT MARKETING ODER KOMMUNIKATION.«

Diese Überschrift hat zwei Aspekte, auf die ich hier eingehen möchte: Einerseits beschreibt sie die herablassende Haltung, die viele toxische Männer in Unternehmen gegenüber Funktionen wie Marketing und Kommunikation oder auch Personal haben. Andererseits steht sie für das fehlende Vertrauen in die Fähigkeiten von Frauen.

Zunächst möchte ich über die Funktionen Marketing und Kommunikation, die in Unternehmen klassischerweise mit Frauen besetzt sind, sprechen. Betrachten wir exemplarisch die Geschichte der Marke Apple, sehen wir deutlich, welche unendliche Macht hinter einem Verständnis für die Bedürfnisse der Kund:innen und die entsprechende Anpassung und Platzierung der Produkte steckt.

Apple stand kurz vor der Insolvenz, als Steve Jobs 1997 zu dem Unternehmen zurückkehrte. Zunächst als Berater, bald als Vorstandsvorsitzender setzte er Änderungen durch, die Apple zum einzigen Unternehmen weltweit machen sollten, das eine Billion Marktwert erreichte und halten konnte. Neben einer Änderung der Produktstrategie von einem breiten Angebot hin zu klaren, visionären Produkten wurde auch etabliert, was Apple später ausmachen würde: Die Apple-Produkte unterschieden sich in ihrem Design von den restlichen, einheitlich grauen Computern auf dem Markt. Es drängt sich die Frage auf, wie auf den ersten Blick so unbedeutende Änderungen wie die Änderung der Farben von Computern eine solche Wende herbeirufen konnten.

Die Antwort: Marketing und Kommunikation. Genauer gesagt: Die Fähigkeit, zu verstehen, wer die Kund:innen sind, deren Bedürfnisse und Interessen in Produkte zu übersetzen, und sie so zu vermarkten, dass eben diese Zielgruppe sich angesprochen fühlt. Wer denkt, man habe schon das beste Produkt, und davon ausgeht, dass jenes Produkt für sich spreche und somit der Umsatz garantiert sei, der hat die Rechnung ohne Verbraucher:innen gemacht.

Allerdings sollte man einen Realitätscheck durchführen, wenn man selbst davon ausgeht, dass Kommunikation schlicht das Verfassen eines Newsletters sei. Die besten Referenten, Führungskräfte und Manager, die ich in meiner

Karriere sah, waren grandiose Kommunikator:innen. Und es ist eine Kunst, Inhalte so zu verpacken, dass sie für die Zuhörenden interessant und leicht zu verarbeiten sind. Wer schon mal eine textlastige 30-seitige PowerPoint-Präsentation erleben musste, weiß, wovon ich rede.

Umgekehrt habe ich auch schon Menschen Themen präsentieren sehen, die fachlich einmalig gut waren, die aber ihre Zuhörenden mit irrelevanten Details, trockener Stimmführung, falschen Medien, ungeschickten Bildern und Grafiken oder mit einer fehlenden Storyline verloren. Der Inhalt kann noch so gut sein, aber ohne Talent für Kommunikation und Vermarktung braucht man eigentlich gar nicht erst beginnen.

Es grenzt demnach an Ironie, dass von toxischer Männlichkeit geprägte Menschen dazu neigen, diese Themen zu belächeln und ihnen den Wert abzusprechen. Dieses Phänomen mag damit zusammenhängen, dass eine erfolgreiche Kommunikation viel Empathie benötigt, da man sich in die Zuhörenden bzw. Kund:innen hineinversetzen muss.

Wenn also toxisch geprägte Männer in Unternehmen, die für die firmeninterne Quote Frauen in eine Kommunikationsrolle setzen, da sie das Thema als unwichtig erachten und der Frau keine »richtige Arbeit« zutrauen, dann ist das gleich mehrfach bedenklich und gefährlich. Denn einerseits übersehen sie, dass die Produktplatzierung ausschlaggebend für den Verkaufserfolg ist. Unabhängig davon, ob es sich um ein physisches Produkt, eine Marke oder Arbeitsleistung handelt, die zuständige Vermarktungsabteilung macht keineswegs einen unwichtigen Job. Ohne die richtigen Fähigkeiten wird bei dem besten Produkt der Verkauf nur schwer durch die Decke gehen.

Andererseits steckt eine weitere, bedenkliche Metaebene in der Aussage: Lass uns Männer mal die wirklich wichtigen Jobs machen, du als Frau kannst dich den weichen, vermeintlich unwichtigen Themen widmen. Es wird also besonders Frauen nicht nur nicht zugetraut, »harte« Themen zu bearbeiten, sondern es wird gleichzeitig übersehen, dass Empathie und Einfühlungsvermögen essenziell für den Erfolg sind.

Marcus war ein hochrangiger Leader in einem Konzern, der über viele Jahre die vom Vorstand vorgegebene Frauenquote ignorierte. In seinem direkten Team befand sich nur eine einzige Frau: seine Assistentin. Viele Jahre lang flog er unter dem Radar und argumentierte, dass nun mal die Bewerberinnen weniger qualifiziert seien und sich weniger gut in ihren Bewerbungsgesprächen verkauften als ihre männlichen Konkurrenten. Doch irgendwann zählte diese Ausrede nicht mehr und ihm wurde mitgeteilt, dass er zumindest eine weitere Frau einstellen müsse. Um keine für ihn wichtige Position mit einer Frau besetzen zu müssen, schuf er eine neue Funktion in seinem Team, die für die Kommunikation zuständig sein sollte. Diese besetzte er mit Quinn, einer gestandenen und erfahrenen Expertin. Quinn merkte schnell, dass Marcus nicht wirklich Wert auf ihre Meinung legte, also baute sie sich ihr eigenes Netzwerk auf.

Marcus war glücklich mit der Situation, denn einerseits konnte er weiterhin Männer auf die für ihn relevanten Funktionen setzen, andererseits war Quinn selbstständig und er musste sich nicht mit ihr auseinandersetzen. Für ihn erfüllte sie genau die Funktion, für die er sie eingestellt hatte: Sie war die fehlende weibliche Mitarbeiterin, die ihm lästige Fragen zur fehlenden Diversität des Teams vom Leib halten würde.

Für Marcus schien es unvorstellbar zu sein, dass Quinn darüber hinaus einen Mehrwert haben könnte, doch sie würde ihm schon bald das Gegenteil beweisen. In einem eskalierenden Kundenprojekt spielte Quinn kurzfristig eine elementare Rolle, da sie nicht nur professionell und schnell den Kern der Eskalation erfasste, sondern auch souverän und kundenorientiert die Kommunikation mit dem Kunden übernahm, sodass nach wenigen Tagen bereits alles gelöst schien. Doch selbst nach dieser Leistung, die bis hin zum Vorstand für Bewunderung sorgte, war Marcus nur halbherzig begeistert, denn die »echte Arbeit« würden ja andere erledigen. Dass es sowohl Intellekt als auch Feingefühl benötigt, die Fäden so wie Quinn in die Hand zu nehmen, überstieg leider nach wie vor seinen Horizont.

Eine andere Geschichte erzählte mir Dunya. Sie war eine recht junge Mitarbeiterin in einem sonst relativ gestandenen Team, das gefühlt aus einem Typ Mensch bestand: Männer im gleichen Alter, mit gleichen Hobbys und Interessen, sogar mit gleichem Haarschnitt. Dunya stach eindeutig heraus, und die anderen Teammitglieder sahen dies eher als Störfaktor an. Die Abteilung hatte einen technischen Fokus, und man fand es unangebracht, dass Dunya in den Sozialen Medien über die Technologie sprach, mit der sie arbeiteten, denn diese bräuchte schließlich kein Marketing, sondern Ingenieure.

Mit ihrem fundierten Fachwissen aus dem Studium und dank einiger Jahre Arbeitserfahrung in dem Bereich verstand sie bis ins kleinste Detail, wozu die Systeme in der Lage waren. Und dank ihrer Persönlichkeit und Soft Skills verstand sie es, diese Funktionen und Stärken so zu verpacken, dass alle Zuhörenden in Minutenschnelle begriffen, worum es ging und wie sie einen Nutzen daraus ziehen konnten. Redete sie intern darüber, dass sie viel gutes Feedback auf ihre Social-Media-Posts bekam und die abstrakten Produkte im technischen Bereich so greifbarer würden, rollten die Kollegen mit den Augen. Es fielen auch Sätze wie »Wir leisten ja richtige Arbeit, nicht so wie du, die den ganzen Tag im Internet rumhängt«. Den immensen Mehrwert, den Dunya für das Unternehmen schuf, wollte man partout nicht sehen. Erst als die Kunden konkret nach Dunya fragten und sich ihre Marketingaktivitäten in den Verkaufszahlen niederschlugen, stieg das Interesse. Als dann auch ein Vorstand auf Dunya aufmerksam wurde, sprach man plötzlich vom »besten Pferd im Stall« und davon, wie dankbar man war, sie als treibende Kraft in der Organisation zu haben. Heute ist Dunya dort als hochkarätige Führungskraft angesehen und leitet die wichtigsten Kundenbeziehungen mit.

Die dritte Geschichte, die mir zu diesem Thema erzählt wurde, stammt von Cleo. Sie war Teil eines Absolventenprogrammes, bei dem die Teilnehmenden einige Monate lang durch diverse Abteilungen rotierten und so einerseits kennenlernten, was diese Organisationen machten, andererseits ihr Netzwerk aufbauten, um im Anschluss an das Programm Fuß zu fassen. Eine Rotation führte Cleo zu Kurt, der eine breit aufgestellte Organisation leitete: Von Produktentwicklung über Marketing hin zum Vertrieb und der Beratung war alles vertreten. Er und Cleo verstanden sich von Anfang an gut, daher ließ er sie bald wissen, dass er sie gerne in der Organisation behalten würde. Er hätte noch keine konkrete Stelle, aber sie solle ihm vertrauen, er fände sicherlich etwas Passendes. Cleo teilte ihm mit, dass sie sich primär für Stellen im Produktbereich oder im technisch versierten Vertrieb interessierte. Kurt nahm das zur Kenntnis, also teilte Cleo ihrem Betreuer aus dem Absolventenprogramm mit, dass ihr anschließend an das Programm eine Stelle bei Kurt zugesagt worden sei.

Als es dann so weit war, frage Cleo nach, welche Aufgaben sie übernehmen würde. Kurt antwortete, dass er sie im Marketing sähe. Als Cleo anmerkte, dass sie gerne etwas Technischeres machen würde, erwiderte Kurt, dass sie erst einmal im Marketing anfangen solle, das sei nicht so komplex. Sie könne dann mit der Zeit schauen, ob sie mit den »Jungs aus der Produktentwicklung« Schritt halten könne, aber das wäre schon ungewöhnlich, und sie solle sich nicht schlecht fühlen, wenn es nur fürs Marketing reiche.

Cleo war natürlich vor den Kopf gestoßen, aber sie war auf den Job angewiesen, da sie sonst nicht übernommen werden konnte, und so willigte sie nach einer kurzen Bedenkzeit ein. Nach Stellenantritt wurde ihr schnell klar, dass es keinerlei Intentionen gab, ihr oder einer anderen Frau etwas anderes zu übertragen als Marketingtätigkeiten. Cleo verließ nach wenigen Monaten die Firma und ist heute in einem technischen Beruf in einem konkurrierenden Unternehmen tätig.

Während bei manchen suggeriert wird, dass Marketing und Kommunikation Beschäftigungstherapie für Menschen ohne andere Fähigkeiten seien, befinden sich Unternehmen, die die Wichtigkeit dieser Funktionen und Skills nicht abwerten, sondern anerkennen, auf der Überholspur. Um es in Steve Jobs' Worten zu sagen: »Es ist wirklich schwer, Produkte für Zielgruppen zu entwerfen. Meistens wissen die Leute nicht, was sie wollen, bis man es ihnen zeigt.« Und wer verstanden hat, *wie* man es ihnen zeigt, wird letztendlich den Markt bestimmen.

Was tun? – »Ich weiß, was ich will und kann.«

Zunächst muss man sich klarmachen, welchen Karriereweg man für sich selbst möchte. Ist es ein Job in Marketing, Kommunikation oder einer anderen Funktion, der oft nicht der gleiche Wert zugesprochen wird wie den männlich dominierten Feldern? Oder liegen die eigenen Stärken und Interessen dort, wo sich eher Menschen tummeln, die nicht so aussehen wie man selbst? Wichtig ist: Beides ist vollkommen ok.

Für diejenigen, die ihre Karriere dort machen, wo gerne abgewertet wird, gilt es, sich erst einmal selbst bewusst zu machen, welche Relevanz die eigene Funktion für den Erfolg des Unternehmens hat. Besonders Hintergrundfunktionen wie Marketing oder Kommunikation gelten oft nicht die ersten Gedanken, wenn man sich fragt, wie ein Unternehmen erfolgreich wird. Doch letztendlich sind sie erfolgsentscheidend, wie man deutlich am Beispiel Apple sehen kann. Sich nicht verunsichern zu lassen, ist sicherlich der erste wichtige Schritt. Anschließend kommt es darauf an, ob die herablassende Stimme aus Unwissenheit oder Ignoranz heraus agiert. Bei Unwissenheit hilft Aufklärung und das offene Gespräch. Dass ein Wert in der Arbeit liegt, lässt sich leicht aufzeigen, gleichzeitig kann man offen adressieren, dass die Bemerkungen demotivieren und Wertschätzung angebrachter wäre.

Bei Ignoranz und bewusster Geringschätzung dieser Rollen ist die Ausgangssituation eine andere. Ein offenes Gespräch kann hier ebenfalls helfen, nur die Kernaussage muss eine andere sein: Anstatt sich darauf zu fokussieren, die Person von der Wichtigkeit der eigenen Arbeit zu überzeugen, empfiehlt sich hier, klar das unprofessionelle Verhalten anzusprechen. Jede Rolle hat ihre Berechtigung, und wer sich selbst über andere stellt, sollte das eigene Verhalten überdenken – besonders, wenn es nicht um eine bestimmte Person geht, sondern um eine ganze Gruppe, die unabhängig von ihren Leistungen abgewertet wird. Und genau das würde ich auch adressieren: »Anscheinend hast du nicht mit meiner individuellen Leistung ein Problem, sondern mit meiner Jobbeschreibung. Ich wünsche mir eine Zusammenarbeit, in der ich eine faire Chance bekomme, statt meine Arbeit per se abzuwerten.«

Hilft das nicht, sollte man nicht zögern, auch andere Kolleg:innen einzubeziehen. Solche Vorurteile sollte man nicht unter den Teppich kehren. Es muss ein Bewusstsein geschaffen und dafür gesorgt werden, dass die Person mit den Vorurteilen nicht »durchkommt« - es darf auch gerne etwas unangenehm für diese werden. Sind Kolleg:innen sensibilisiert und nicht scheu, ihre andere Meinung zu zeigen und anzusprechen, ist die Chance, dass die Person nicht weiter damit hausieren geht und gegebenenfalls den eigenen Standpunkt überdenkt, durchaus größer.

DER INKOMPE-DANCE

Der Inkompe-dance ist eine Wortschöpfung, die in den Sozialen Medien kursiert und eine Kombination aus »Inkompetenz« und »tanzen« (engl. *dance*) darstellt. Das Wort allein beschreibt bereits deutlich, worum es geht: Es wird ein metaphorischer Tanz aufgeführt, um inkompetent zu wirken. Das Ziel ist hierbei, sich vor Arbeit zu drücken, indem man sich so dumm anstellt, dass andere eingreifen.

Im Privatleben wird der Inkompe-dance oft beschrieben, wenn es um das Zusammenleben von Mann und Frau geht. Er räumt die Spülmaschine so ungeschickt ein, dass sie ihn aus der Küche verbannt. Er wäscht ihre weiße Bluse mit seinen roten Boxershorts, woraufhin sie ihm keinen weiteren Waschgang zutraut. Mit der gespielten Inkompetenz (oder auch *weaponized incompetence*) kommt der toxische Mann um unbeliebte Aufgaben herum – selbst wenn seine Fähigkeiten und sein Intellekt ihm diese sehr wohl ermöglichen würden.

Im Bekanntenkreis konnte ich dieses Phänomen des Öfteren beobachten. Adam, studierter Ingenieur, suggerierte völlige Inkompetenz beim Einschalten der Spülmaschine oder Mikrowelle. Obwohl die Bedienung von Haushaltsgeräten wirklich keine intellektuelle Hochleistung darstellt, überließ er diese seiner Partnerin, welche genervt jeden Spülgang und jedes Aufwärmen von Essen übernahm, da sie ihm abkaufte, dass er das nicht könne. Ich bin mir sicher, es ist legitim, Adams tatsächliche Inkompetenz hier anzuzweifeln. In meinen Augen handelt es sich offensichtlich um einen Inkompe-dance: Er wollte die Aufgaben nicht übernehmen, also stellte er sich dumm.

Auch im Berufsalltag sehen wir den Inkompe-dance in seiner vollen Pracht: »Du hast das doch viel schneller als ich gemacht«, »Ich wüsste ja gar nicht, wo ich suchen soll« und »Du machst das viel öfter als ich, kannst du das nicht schnell für mich übernehmen?« sind Sprüche, die ich unzählige Male gehört habe. Nach der Buchung einer meiner Geschäftsreisen fragte mich tatsächlich ein Kollege, ob ich nicht auch für ihn buchen könnte, denn ich sei ja geübt darin. Nach meinem Nein und einem ihm gesendeten Link schaffte er es dann doch ganz ohne fremde Hilfe – nicht verwunderlich, waren die firmeninternen Prozesse zur Reisebuchung doch mehr als selbsterklärend. Er gab dennoch nicht auf und fragte mich nach der Rückkehr nach meiner Reisekostenabrechnung. Als ich meinte, diese sei schon abgeschlossen, witterte er erneut eine Chance und fragte mich, ob ich nicht seine Reisekostenabrechnung für ihn durchführen und einreichen könne. Ich möchte an dieser Stelle anmerken, dass er ein direkter Kollege war, ich ihm also weder unterstellt noch seine Assistentin war, er außerdem bereits viele Jahre für dieses Unternehmen gearbeitet hatte. Er hatte allerdings schon mehrfach kommentiert, dass er die Buchung von Reisen sowie die Einreichung der Kosten als lästig empfand, er hatte also offensichtlich kein tatsächliches Problem mit der Ausführung, sondern hoffte, durch den aufgeführten Inkompe-dance jemanden, in diesem Falle mich, dazu zu bringen, ihm diese lästigen Aufgaben abzunehmen.

Ein weiteres Beispiel ist ein Freund, der in einem Beruf mit Schichtbetrieb arbeitete, sodass dort immer andere Mitarbeiter:innen miteinander arbeiteten. Dieser konnte beobachten, dass sein Kollege Jonah immer dann, wenn er mit Frauen arbeitete, suggerierte, er wisse nicht, wie man verbrauchte Produkte auffüllen müsse. Die Frauen übernahmen dann wohlwollend diese Tätigkeiten und zeigten es ihm erneut. Er übernahm hierbei die passive Rolle des Beobachters und bedankte sich anschließend für die Demonstration. Beim nächsten Mal mit der gleichen Kollegin sagte er, dass er sich noch nicht so sicher fühle, also lieber erneut zuschauen würde. Dieses Spiel spielte er mit allen weiblichen Kolleginnen, während er bei männlichen Kollegen ohne Probleme alle Aufgaben übernahm und auch korrekt ausführte. Jonah nutzte also die Gutgläubigkeit seiner Kolleginnen aus und drückte sich mithilfe seines Inkompe-dance um Arbeit, während ihm dasselbe Verhalten vor männlichen Kollegen offensichtlich zu peinlich war.

Tamara konnte ebenfalls einen eindrucksvollen Inkompe-dance beobachten. Sie ist eine erfahrene, etablierte Mitarbeiterin, die seit vielen Jahren erfolgreich in Benjamins Team arbeitete. Man schätzte Tamara für ihr fundiertes und breites Fachwissen, weshalb sie auch gerne für die Einarbeitung neuer Mitarbeitender herangezogen wurde. Jedoch übertrug Benjamin ihr gern mehr als die Tätigkeiten aus ihrer Stellenbeschreibung.

In regelmäßigen Abständen traf sich das Team nach langen, terminreichen Arbeitstagen in einer Bar, um den Tag ausklingen zu lassen. Aufgrund der

Größe des Teams wäre es zu riskant, eine Kneipe anzusteuern und auf ausreichend Platz zu hoffen – das will gut geplant sein. Man ahnt es bereits: Es will von Tamara gut geplant sein. Also ruft Benjamin ein oder zwei Tage vor den besagten Treffen bei Tamara an und fragt sie, ob sie nicht im Biergarten anrufen und reservieren könne. Das Lokal habe er schon ausgewählt, nur die Reservierung sei noch offen. Und ja, darauf folgen die magischen Worte: »Das machst du immer so gut.«

Eine gestandene Frau mit beachtlichen Qualifikationen und anspruchsvoller Stellenbeschreibung wird also dafür gelobt, dass sie so unglaublich gut eine Nummer wählen und sagen könne: »Einen Tisch für 15 Personen, bitte.« Wir dürften uns hier einig sein, dass dies kein ernstgemeintes Kompliment, sondern ein Inkompe-dance ist. Benjamin denkt, dass er durch sein Lob um die für ihn lästige Aufgabe herumkommt und sie ihm den Reservierungsanruf abnimmt. Man darf hierbei auch nicht vergessen, dass der Aufwand Tamara mit dieser Bitte anzurufen vermutlich nicht kleiner ist als letztlich die Reservierung selbst.

Eine weitere Zeugin des Inkompe-dances ist Elaine, Assistentin der Geschäftsführung in einem mittelständigen Unternehmen. Als ein Vertriebsmanager kurzfristig das Unternehmen verließ, half sie bei der Angebots- und Rechnungserstellung, was ein Großteil seiner Arbeit gewesen war. Kollegial bot sie ihre Hilfe an, die auch dankend angenommen wurde. Schnell etablierte sie sich als Ansprechpartnerin für diese Themen. Die Rechnungserstellung an sich war nicht sonderlich kompliziert, allerdings musste man gewisse formelle Eigenarten beachten. Schon bald war die Stelle im Vertrieb nachbesetzt, und Elaine fragte nach einigen Wochen Einarbeitung nach, wann sie die Aufgaben wieder zurückgeben könne. Und schon begann er, der Incompe-dance.

Man erklärte ihr, dass sie die Rechnungen so wunderbar wie niemand sonst schreibe. Dass man klar eine Qualitätsverbesserung erkennen könne, seit sie sich dem Thema angenommen hatte. Und dass nun, da sie die Aufgaben ja einige Wochen erledigt hatte, niemand mehr über die notwendigen Kompetenzen verfüge, und die erneute Einarbeitung viel zu kompliziert und zeitaufwendig sei.

Die Krönung des Tanzes war dann die Aussage von Elaines Geschäftsführer, nachdem sie bei ihm ansprach, dass sie Schwierigkeiten hatte, das Thema wieder loszuwerden. Er aber stimmte der anderen Person zu: Wenn die Einarbeitung so anstrengend sei, sei es doch wohl das Beste, wenn sie sich weiterhin darum kümmere. Schließlich sei es doch so gut gelaufen in letzter Zeit, und man könne ja nicht erwarten, dass sich nun andere Mitarbeitende in die enorme Komplexität einarbeiten müssten. Sie sei die Expertin, und er sähe kein Problem darin, dass sie es auch bliebe. Eine Expertin zu sein sei ja schließlich etwas Tolles. Elaine resignierte. Und nach einigen weiteren Wochen war der Geschäftsführer verwundert: Ihre Motivation und Arbeitsqualität, die vorher auf einem sehr hohen Niveau gewesen waren, fielen auffällig ab. Er aber konnte sich beim besten Willen nicht erklären, woran das lag.

All diese Beispiele zeigen, wie schmal der Grat manchmal sein kann – Hilfsbereitschaft ist eine großartige Eigenschaft, jedoch läuft man gerade in der Arbeitswelt immer wieder Gefahr, dass diese Eigenschaft ausgenutzt wird. Der Inkompe-dance ist nicht nur weit verbreitet, sondern im (Berufs-) Alltag allgegenwärtig. Mal leichter zu erkennen, mal so gut verpackt, dass man die Inkompetenz tatsächlich abkauft, lässt er die Tanzenden in einem Licht erscheinen, welches hilfsbereite Menschen dazu bringt, deren Arbeit zu übernehmen.

Was tun? – »Wenn du trotz deiner Kompetenzen damit Schwierigkeiten hast, solltest du dir die Zeit zum Lernen nehmen.«

Natürlich könnte man nun sagen, dass man einfach keine Tätigkeiten außerhalb des eigenen Verantwortungsbereiches annehmen soll, aber so einfach ist es nun mal nicht. Besonders die Tage, an denen man eine helfende Hand gereicht hat und es nicht ganz so genau genommen hat, bleiben anderen oft im Gedächtnis und sind auch gerne mal ausschlaggebend. Wer anderen ab und zu einen Gefallen tut, kann in der Regel auch im Gegenzug Unterstützung erwarten.

Ich weiß noch genau, dass eine Kollegin nach einem langen Arbeitstag beim Verabschieden gefragt hat, womit ich gerade beschäftigt bin, da ich anscheinend sehr konzentriert wirkte. Ich erzählte ihr von dem eskalierenden Projekt mit der harten Abgabefrist und sie bestellte Pizza, legte ihre Tasche ab und saß mit mir bis spät in die Nacht im Büro. Wegen ihr konnte ich beides haben: eine fristgerechte Abgabe und einige Stunden Schlaf. Ich würde sie jederzeit für wichtige Positionen empfehlen, habe sie immer auf dem Schirm, wenn es relevant sein könnte und vergesse diesen Abend vermutlich nie. Und auch ich habe schon mehrfach davon profitiert, dass ich eingesprungen bin, obwohl es eigentlich nicht meine Verantwortung gewesen wäre. Wer sich hilfsbereit zeigt, wird meist Dankbarkeit zurückbekommen und investiert in Beziehungen.

Das richtige Maß an Hilfsbereitschaft scheint also schwer zu finden zu sein. Weder möchte man ausgenutzt werden, noch eiskalt Menschen Hilfe verwehren. Die Kunst ist es, zu erkennen, wann es tatsächlich benötigte Hilfe ist, und wann der Inkompe-dance.

Ich würde immer dazu raten, das Thema offen anzusprechen, wenn das Bauchgefühl einem sagt, dass die Hilfe möglicherweise ausgenutzt wird.

»Ich wundere mich, dass du mich hier erneut um Hilfe bittest - kann es sein, dass es einfach bequemer für dich ist, wenn ich es erledige?« kann Wunder wirken, genau wie auf Ressourcen zu verweisen, die die Tätigkeit detailliert erklären, z.B. Onlinekurse oder einfach ein YouTube Video. Erfahrungsgemäß fühlen sich die Tänzer dann ertappt, wenn man ihnen Wege gibt, die vorgetäuschte Inkompetenz zu lösen, anstatt die Aufgabe zu delegieren.

»LEG MAL AUF, ICH WILL MIT DIR REDEN.«

Eine weitere Annahme, die toxische Männer oft haben, ist, dass ihre Themen wichtiger sind als die der anderen. In ihrer Idealvorstellung warten die Kolleg:innen nur darauf, sich umgehend um die Anliegen der Männer zu kümmern. Hier werden sämtliche Grenzen und Regeln für einen respektvollen Umgang über den Haufen geworfen. Dass andere Menschen auch andere Prioritäten haben, scheint undenkbar.

Ich selbst habe in einer meiner Positionen mit einem solchen Mann gearbeitet. Regelmäßig kam er während meiner virtuellen Termine oder Telefonate an meinen Platz, um mir zu signalisieren, ich möge bitte auflegen. Anfangs tat ich das auch, da ich mit einer Eskalation rechnete, denn mir fiel kein anderer Grund für eine solche Bitte ein. Nach einer Weile wurde mir jedoch bewusst, dass er keine tatsächlichen Gründe für diese sofortige Aufmerksamkeit hatte, sondern einfach per se seinen Themen mehr Wichtigkeit zusprach als meinen. Ich möchte anmerken, dass dieser Kollege auch wirklich nur das war: ein Kollege. Es handelte sich nicht um eine Führungskraft oder Person mit Weisungsbefugnis. Letztendlich war in seinem Wertekonzept schlicht verankert, dass Frauen ihm unterstellt seien, was ihn dazu bewegte, mich und andere Frauen auf eine solche Art immer wieder zu unterbrechen.

Einen Höhepunkt fand sein Anspruchsdenken, als er wieder mal ein wichtiges Telefonat unterbrach, um mir zu sagen, dass er innerhalb des Büros den Platz wechseln und daher von einem zu einem anderen Schreibtisch umziehen würde. Seine Aufgabe an mich war, dass ich bitte im System ein Ticket anlegen solle, damit jemand von der IT-Abteilung käme, um seinen Bildschirm auf den richtigen Platz zu tragen. Wohlgemerkt hatte ich weder das Anlegen von Umzügen in meiner Jobbeschreibung noch andere Berechtigungen im relevanten System als er. Es gab keine Grundlage für sein Anliegen, außer seine Überzeugung, über mir zu stehen.

Aileen hatte ihren Schreibtisch vor dem Büro ihres Managers. Dieser hatte die Angewohnheit, wann immer es ihm passte, bei ihr aufzutauchen und sie so lange anzustarren, bis sie ihr Telefonat beendete, ihre E-Mail nicht weitertippte oder das laufende Gespräch unterbrach. Als sie ihm sagte, dass sie das Gefühl habe, sie müsse alles stehen und liegen lassen, wenn er sich so zu ihr stellte und sie anschaute, antwortete er, dass dies Blödsinn sei. Das bei ihr ausgelöste Unbehagen hatte für ihn keinerlei Relevanz, selbst als sie meinte, dass sie es begrüßen würde, wenn er das unterlassen würde. Sie bilde sich das ein – und letztendlich bekam er immer das, was er wollte: ihre volle Aufmerksamkeit.

Helena berichtete mir von Videokonferenzen, in denen ein toxischer Mann regelmäßig seine Gesprächspartnerinnen zum Schweigen brachte, indem er die gestreckte Hand in die Kamera hielt, die Augen schloss, das Gesicht in Falten legte, als hätte er physische Schmerzen, und mit schüttelndem Kopf wiederholt den Namen der Frau sagte, mit der er gerade sprach, bis sie still war. Viele Frauen beobachteten dieses Verhalten, allerdings niemals bei einem männlichen Gesprächspartner.

Stella berichtete an Josef, der ebenfalls für sein toxisches, sexistisches und herablassendes Verhalten berüchtigt war. Er leitete ein mittelständisches Unternehmen und hatte daher viel Macht und Einfluss. Stella suchte er sich aufgrund ihres Erscheinungsbildes aus: Sie war eine wunderschöne Frau, mit der er sich schmücken wollte. Wider Erwarten gab sich Stella allerdings nicht damit zufrieden, ab und zu ein paar PowerPoint-Folien zu basteln und ansonsten nett zu lächeln. Sie war ambitioniert, intelligent und hat sich fachlich in komplexe Themen mit großem Mehrwert eingearbeitet. Josef fühlte sich offensichtlich bedroht und wollte sie ausbremsen, denn es passte ihm gar nicht, dass sie so viel Aufmerksamkeit bekam und plötzlich Menschen mit Stella sprechen wollten statt mit ihm.

So versuchte Josef, Stellas Reputation zu schädigen, indem er ihre Gesprächspartner vorwarnte, dass sie »Bullshit« rede, und in gemeinsamen Videokonferenzen, in denen Stella präsentierte, alles tat, um sie aus dem Konzept zu bringen – von Augenrollen bis hin zu wilder Gestik und dem Zeigen des Buchstabens »T« mit den Händen, was hier für »Timeout« steht, war alles dabei. Die anderen Gesprächspartner kontaktierten Stella nicht selten im Anschluss an solche Termine, um sie zu loben und zu verkünden, dass Josefs Verhalten unverschämt gewesen sei. Doch ihm selbst konnte man das offenbar nicht spiegeln, ohne dass er cholerisch wurde.

Debora machte eine ähnlich abwertende Erfahrung: Sie wurde in ihrer Rolle als Beraterin von einem Unternehmen eingekauft, wo sie eine Tagung zu den Themen Mentale Gesundheit, Work-Life-Balance und Zukunft der Arbeit halten sollte. Vor dem Workshop bestand der Geschäftsführer Christian darauf, etliche Bilder mit ihr zu machen. Er hatte ein ganzes Team da, das ihn ablichten und so den Mitarbeitenden zeigen sollte, wie wichtig er die Themen nahm. Debora musste mit ihm posieren und ein Interview für die firmeninterne Kommunikation geben, in dem sie herausstellen sollte, wie immens wichtig die Zusammenarbeit war und wie sehr Christians Engagement geschätzt würde.

Nachdem die Fotos und Interviews im Kasten waren, begann Debora mit ihrer eigentlichen Arbeit. Sie ging zum Tagungsraum, wo bereits einige Teilnehmende warteten, und wollte den Workshop starten, als sie bemerkte, dass Christian fehlte. Sie fragte seine Assistentin, die ebenfalls im Raum war, ob sie wüsste, ob er noch einen Moment bräuchte. Diese hatte keine weiteren Informationen und wollte sich bei ihm erkundigen. So ging Christians Assistentin zu ihm und kam kurze Zeit später mit der Information zurück, dass er wohl praktisch schon auf dem Sprung und gleich da sei. Man solle schon einmal ohne ihn anfangen.

Nach einigen Minuten war er immer noch nicht aufgetaucht, aber man konnte durch die Glastür sehen, wie er entspannt und lachend einen Kaffee in der Kaffeeecke trank. Kurze Zeit später kam er tatsächlich zum Meetingraum – jedoch nur, um seine Assistentin herauszuwinken. Diese kam nach einigen Minuten allein zurück. Weder entschuldigte er sich, noch korrigierte er die Angabe, dass er gleich dazustoßen würde.

Im Abschlussgespräch zur Tagung mit Debora bedankte Christian sich für die wertvollen Eindrücke und das großartige Engagement. Sein Verhalten ließ eindeutig erkennen: Was auch immer Debora zu sagen hatte und wofür sie bezahlt würde – es war eine Hygienemaßnahme für Christian. Gut genug, um eine nette Story im firmeninternen Intranet zu posten, aber nicht wertvoll genug für seine Zeit. Was auch immer Debora zu sagen hätte, es könnte nicht wichtiger sein als der Kaffee, den Christian sich holte.

Was tun? – »Meine Zeit ist genauso wertvoll wie deine.«

Wichtig ist es hier, sich Gehör zu verschaffen. Das Gegenüber ist offensichtlich nicht der Auffassung, dass das, was man zu sagen oder zu tun hat, wichtig sein könnte. Es hilft also, sowohl Grenzen als auch die Übergriffigkeit des Verhaltens aufzuzeigen.

Ich habe gute Erfahrungen damit gemacht, konkrete Zeitfenster meiner Verfügbarkeit zu nennen. Mit »Ich bin gerade beschäftigt, kann aber um 15 Uhr eine halbe Stunde für dich blocken, falls du mich dringend brauchst« kommt man in der Regel weiter als mit »Eigentlich war ich gerade beschäftigt, worum geht es denn?« Indem man nach dem Thema fragt, suggeriert man Verfügbarkeit, was Grenzüberschreitungen wiederum erleichtert. Auch ein »Du hast es vermutlich gerade nicht bemerkt, aber ich bin am Telefon bzw. sitze an einer wichtigen Aufgabe« zieht eine deutliche Grenze und erhöht die Wahrscheinlichkeit, dass künftig nicht einfach davon ausgegangen wird, dass man sofort alles stehen und liegen lässt. In der Regel kann man sich zudem sicher sein, dass man es sofort erfährt, wenn es absolut dringend ist und nicht warten kann.

Andererseits ist es wichtig, zu verdeutlichen, dass die eigenen Themen auch eine Daseinsberechtigung haben. Im letzten Beispiel zeigte Christian Debora deutlich, dass ihre Themen für ihn keine Relevanz hatten und nur dafür da waren, vorzugeben, er würde sich kümmern. Für das Fotoshootings hatte es gereicht, zum Zuhören nicht.

Ich möchte jede:n ermutigen, in solchen Situationen für sich einzustehen. Ein Verhalten wie Christians kann man gut und gerne ansprechen: »Wie darf ich dein Fehlen interpretieren, hast du kein echtes Interesse an dem Thema?« oder »Ich finde es schade, dass du nicht teilnimmst. Wie du ja richtig festgestellt hast, stellt der Workshop einen Mehrwert dar, daher hast du ihn ja auch gebucht und planst, die Bilder mit den Mitarbeitenden zu teilen. Ich denke, du würdest von der Teilnahme profitieren.« Das sind Sätze, die ich Debora gerne hätte sagen hören.

Bitte nicht falsch verstehen - ich kritisiere hier nicht die Reaktionen von Debora, Helena, Aileen oder anderen Menschen, die unterbrochen oder ignoriert wurden. Aber ich bin der Meinung, dass wir unsere Schlagfertigkeit in solchen Situationen trainieren, indem wir darüber sprechen und uns vorher schon überlegen, mit welchen Sätzen wir entsprechende Grenzen aufzeigen können.

DIE UNTERSCHIEDLICHE WERTIGKEIT VON HOBBYS

»Nach der Arbeit noch gemeinsam auf ein Bier in die Kneipe? Es läuft Fußball.« – gesellschaftlich völlig ok, und nicht unüblich in Unternehmen. Die Männer treffen sich nach der Arbeit, es wird Sport geschaut, getrunken und gelacht. Wird aber bekannt, dass sich ein paar Frauen zum gemeinsamen Schauen von Trash TV verabreden, wird mit den Augen gerollt. Ich persönlich bin weder ein Fan davon, anderen beim Sport zuzuschauen, noch einem Schönling beim Rosen verteilen zuzusehen, aber das eigentliche Problem spielt sich auch auf einer anderen Ebene ab.

Während Aktivitäten, die klassischerweise eher Männern Spaß machen, gesellschaftlich akzeptiert sind und wertfrei hingenommen werden, sind solche, die häufiger von Frauen favorisiert werden, negativ besetzt. Dabei ist der intellektuelle Anspruch eines Fußballspiels weder höher noch niedriger als der des *Bachelors*. Es kann also gar nicht um die Sendungen an sich gehen, sondern darum, dass die Vorlieben von Frauen belächelt und kleingemacht werden.

Eine These: Ich denke, dass toxische Männer stark auf Wettkampf konditioniert werden und daher auch gerne anderen bei selbigem zusehen. Kräftemessen, survival of the fittest, all das sieht man in Sportsendungen. Frauen hingegen sind in ihrer traditionellen Sozialisierung eher auf Empathie und Beziehungen fokussiert. Ihnen bereitet es also mehr Spaß, Menschen zu beobachten, ihre Reaktionen zu deuten und Dynamiken zwischen Figuren zu lesen. Ein Freund fasste es mal so zusammen, dass man, wenn man wollte, dass sich eine Frau für Sport interessiere, ihr nur die Geschichte der Sportler:innen erzählen müsste. Vereinfacht, ja, aber doch zutreffend. Die den Geschlechtern ansozialisierten Eigenschaften unterscheiden sich nun mal massiv: Im Patriarchat sollen Männer nicht empathisch sein und Frauen nicht kämpfen. Abgesehen davon, dass wir solche Normen langsam, aber sicher aufbrechen müssen, sollten wir als Gesellschaft dringend aufhören, das eine positiv, aber das andere negativ zu bewerten.

Ein ehemaliger Kollege aus einer Niederlassung im Ausland, Piet, kam im Laufe einer Geschäftsreise eine Woche lang nach Deutschland. Er traf einige Kolleg:innen, hatte diverse Termine und sollte anschließend wieder abreisen. Er fragte unter anderem auch mich, ob ich nach der Arbeit mit ihm und ein paar anderen Kolleg:innen etwas unternehmen wollen würde. Ich antwortete, dass ich Zeit habe, und fragte, was ihm denn vorschwebte.

Seine Lieblingsfußballmannschaft hatte ein Spiel, und er wollte in eine Kneipe gehen, um Bier zu trinken und das Spiel zu schauen. Ich lehnte dankend ab, da ich weder Bier noch Fußball mochte. Sofort kippte die Stimmung und Piet wurde herablassend. Er fragte mich, was mit den Frauen heutzutage los sei, ob es zu viel verlangt sei, mal einen Abend nicht über Lippenstifte zu reden. Er sei schließlich nicht oft in Deutschland und man könne ja wohl annehmen, dass die Kolleginnen da auch mal »etwas Normales« machen würden. Morgen hätten wir schließlich wieder Zeit für »Weiberkram«.

Meine Reaktion, dass er diskriminierend sei und unabhängig des Geschlechts niemand zu Bier und Fußball gezwungen werden sollte, gefiel ihm natürlich nicht. Ich sagte ihm auch, dass ich es als seine Aufgabe ansah, eine Aktivität auszusuchen, die der breiten Masse Spaß bereitete, wenn er wollte, dass Menschen sich ihm anschlossen. Doch er fand mich anstrengend und festgefahren, was er mir mit Nachdruck mitteilte.

Emmanuel erzählte mir von einer anderen Geschichte: Er war in einer Führungsposition tätig und dadurch immer wieder mit den anderen Manager:innen auf seinem Level auf Veranstaltungen. Im Anschluss an Konferenzen und ganztägige Meetings ließ man gerne den Abend ausklingen. Emmanuel interessierte sich für Kunst, Musik und verbrachte seine Freizeit gerne in Museen und bei Kulturveranstaltungen. Anderen Menschen beim Sport zuzuschauen, fand er schon immer befremdlich, aber besonders Fußball mit der teilweise gewaltbereiten Zuschauerschaft war ihm zuwider. Er erzählte mir davon, wie absurd er es fand, dass selbst bei Notständen wie der Pandemie immer wieder Ausnahmen für Fußballer gemacht würden, dass er es nicht vertretbar finde, welche unvorstellbaren Gehälter Menschen für diesen Sport gezahlt würden, besonders verglichen mit den Menschen unserer Gesellschaft, die zum Beispiel in Krankenhäusern um das Überleben von Patient:innen kämpften oder in der Pflege alles gäben. Und ich stimme Emmanuel in allen Punkten zu.

Leider blieb aber auch er nicht davon verschont, immer wieder im Berufskontext mit Fußball konfrontiert zu sein – sei es die firmeninterne Veranstaltung, für die Fußballer als Sprecher gebucht wurden, der Teamausflug in ein Fußballstadium oder die klassische After-Work-Veranstaltung in einem Lokal mit Spielübertragung. Emmanuel erzählte mir, dass er einige wenige Male versuchte, sich kritisch zu äußern, dass aber jeder Versuch im Keim erstickt worden sei. Ein Kollege erwiderte mal, dass er ja Opern schauen könnte, wenn er das wolle, aber dass die »echten Männer« gemeinsam das Spiel schauen würden. Die Pro-Fußball-Fraktion hatte ihre Trikots bereit und so gab Emmanuel regelmäßig klein bei oder ließ sich Ausreden einfallen, warum er an bestimmten Abenden nicht mitkommen konnte.

In einer nicht weniger unangenehmen Situation war Merle. Sie arbeitete in einem Start-up und man pflegte einen lockeren Umgang. So wurden auch immer mal wieder die Wochenend-, Abend- oder Urlaubspläne besprochen. Daher saßen Merle und eine Kollegin eines Tages in der Kaffeeecke und besprachen das anstehende Wochenende. Irgendwann kamen zwei Kollegen um die Ecke und schlossen sich der Unterhaltung an. Merle erzählte weiter, dass sie am Wochenende Besuch von einer langjährigen Freundin bekommen würde, die sie seit einiger Zeit nicht gesehen hätte. Die beiden würden die Stadt erkunden, abends gemeinsam Sushi bestellen und eine amerikanische Reality Show anschauen, die sie beide mochten.

Schnell wurde Merle zum Gespött der beiden Kollegen, die fragten, ob das denn ihr Ernst sei. Sie sei doch viel zu intelligent für solche Serien, und sie hätten mehr von ihr erwartet. Merle war peinlich berührt, und auch ihre Kollegin war offensichtlich zu überrascht, um sich am Gespräch zu beteiligen. Merle merkte an, dass ihre Freizeitaktivitäten doch ihre Angelegenheit sei, und sie nicht nach einer Wertung gefragt hatte. Die beiden Kollegen lachten und fragten sie, ob sie denn auch *Der Bachelor* schauen würde, und dass sie solche Frauen ganz genau kennen und einordnen könnten. Jeder Versuch Merles, eine Grenze zu ziehen, scheiterte gnadenlos, sodass sie schon bald die Küche verließ und nach Hause ging.

Das Erstaunliche an all diesen Geschichten ist, dass nicht nur ungefragt Meinungen kundgetan werden, sondern dass ganz deutlich wird, dass in der allgemeinen Wahrnehmung eine Wertung stattfindet: Sport schauende Männer sind die Norm; Männer, die das nicht tun, fallen auf, und wer in seiner Freizeit vermeintlich minderwertigen Hobbys nachgeht, wird verurteilt. Ob es tatsächlich einen Grund dafür gibt, Fußball über eine Fernsehserie zu stellen, interessiert die Beteiligten nicht, denn in ihrer Welt gibt es eine deutliche Wertung.

Was tun? – »Ich habe ein Anrecht auf ein Privatleben und meine Präferenzen.«

Auch hier muss wieder differenziert werden: Befinde ich mich in der Situation, dass ich mich einem Fußballabend anschließen soll, das aber nicht möchte, sollte ich das deutlich sagen. Im Nachhinein hätte ich in der Situation mit Piet deutlichere Grenzen ziehen sollen, doch hinterher lässt sich das leicht sagen. Wäre ich erneut in einer solchen Situation, würde ich darauf hinweisen, dass die Auswahl des Abendprogrammes relevant sei und es Anforderungen geben müsse. Wer in einem diversen Team arbeitet, muss auch die verschiedenen Bedürfnisse und Vorlieben berücksichtigen. Jemanden auszuschließen, weil man ein bestimmtes Hobby nicht teilt, ist diskriminierend und nachlässig. Ich würde hier deutlichere Worte finden und mit konkreten inklusiveren Gegenvorschlägen kommen.

Erfährt man ungefragte Kritik an den eigenen Hobbys, sollte man sich bewusst machen, dass nichts am eigenen Geschmack oder der Begeisterung falsch ist. Klare Grenzsetzungen sind hier wichtig. Man kann die andere Person auch darauf hinweisen, dass nicht nach ihrer Wertung gefragt wurde, und darum bitten, diese zu unterlassen. Auch hier gilt: Jede:r hat das Recht auf eine eigene Meinung und Vorlieben, aber besonders im Berufskontext ist eine Wertung unangebracht.

»EY, MÄDCHEN!«

Man könnte meinen, dass erwachsene Frauen eher im Umfeld eines Discobesuchs oder einer Faschingsveranstaltung als »Mädels« angesprochen werden. Falsch gedacht. Denn diese Wortwahl findet sich tatsächlich auch immer noch im Berufsleben wieder.

Die Anrede »Mädchen«, »Mädel« oder Ähnliches ist selbstverständlich im Gespräch mit einer Erwachsenen unangebracht: Sie bezeichnet schließlich minderjährige Frauen und ist oft als Kosename gedacht. In einem Umfeld, in dem die Volljährigkeit definitiv gegeben ist, und Kosenamen zudem alles andere als angebracht sind, haben solche Ansprachen nichts zu suchen. Doch tagtäglich zeigen toxische Männer Frauen ihren fehlenden Respekt, indem sie durch Sprache wie diese demonstrieren, wie sie sie sehen: als klein, harmlos, unscheinbar und nicht erstzunehmend.

Vor einigen Monaten saß ich mit einer Kollegin in der Kaffeeecke und wir besprachen berufliche Themen, dabei schauten wir sogar gemeinsam auf einen Laptop. Nach ein paar Minuten fragte uns ein uns beiden noch unbekannter Kollege mit einem Kaffee in der Hand: »Na, Mädels, darf ich mich zu euch setzen?« Unsere Sprachlosigkeit interpretierte er als mangelnde Deutschkenntnisse und wiederholte seine Frage auf Englisch: »Can I sit with you girls?«

Auch wenn ich mich inzwischen für einigermaßen schlagfertig halte, war ich so perplex von der Dreistigkeit, dass ich nur ein »Nein, wir haben einen Termin« herausbrachte. Dementsprechend ärgere ich mich im Nachhinein darüber, dass ich ihm nicht klar gemacht habe, wie respektlos seine Frage war – sowohl die Anrede als auch die Annahme, dass unser Gespräch unwichtig sei. Andersherum kann man sich die Situation kaum vorstellen. Säßen zwei Männer im Berufskontext diskutierend über einem Dokument, würden wohl die wenigsten Frauen mit »Na, Jungs?« einen Gesprächsanfang starten.

Einige Wochen später besuchte ich eine Veranstaltung zu Diversität, Feminismus und Vorbildfunktion. Am Buffett wurden meine Kollegin und ich ebenfalls von einem Mann mit »Na, Mädels?« angesprochen. Vor allem im Kontext dieser Veranstaltung, in der über die Wichtigkeit von Gleichberechtigung gesprochen wurde, darüber, Frauen nach wie vor in Schubladen gesteckt und nicht ernst genommen würden, machte diese Ansprache so absurd. Man sollte meinen, dass bei einer solchen Veranstaltung Menschen anwesend sind, die keine fremden erwachsenen Frauen mit »Mädchen« ansprechen.

Eduard hatte offensichtlich auch kein Problem damit, Frauen im Beruf zu verniedlichen: Er war ein alteingesessener Manager in einem Konzern eines eher frauendominierten Bereichs. Der Großteil seines Teams war demnach weiblich. In Terminen kam zuverlässig gegen Ende sein Standardspruch: »Da setz ich meine Mädels drauf an.« Er würde also die Informationen an sein Führungsteam weitergeben. Dass es sich um erwachsene, gestandene Frauen auf gleicher Hierarchieebene handelte, ging aus dieser Aussage nicht hervor. Auch bei der morgendlichen Begrüßung des Teams fielen übliche Floskeln wie »Guten Morgen, Mädels« oder »Na, Mädels, retten wir heute wieder die Welt?« Es ist offensichtlich, dass Eduard nicht böswillig und aktiv versucht, zu diskriminieren. Jedoch übersieht er völlig, dass seine Sprachwahl alles andere als angebracht ist.

In einer anderen Geschichte wurde mir erzählt, wie eine Frau diese unangebrachte Ansprache zur Diskussion stellte. Zoey berichtete ebenfalls an einen Manager, der gerne genau diese Worte benutzte, wenn er über sein Team und speziell über Zoey sprach. Sie war eine von zwei Assistentinnen, und Kai benutzte zu gerne Floskeln wie »Da kümmern sich meine Mädels drum«, oder »Ich bringe die Mädels mit«.

Zoey fasste sich nach einiger Zeit ein Herz und teilte Kai mit, dass sie die Anrede als recht respektlos erachtete. Kai reagierte nicht verständnisvoll oder peinlich berührt, wie man es sich gewünscht hätte, sondern erklärte Zoey die nächsten Minuten lang, warum ihre Gefühle nicht legitim seien. Er sei nun mal »einer von der alten Schule«, das sei doch wertschätzend gemeint, sein Vater habe so schon über Frauen gesprochen. Es sei eine Verniedlichung, und sie sollte doch bitte verstehen, dass er das nett meinte. Für ihn war das Problem damit gelöst. Und Zoey schluckte ihr Unbehagen in Zukunft runter.

Es ist nicht zu vernachlässigen, dass solche Ansprachen vor nicht allzu langer Zeit oft tatsächlich kein Problem darstellten. Umso wichtiger ist es, dass wir offen darüber sprechen, dass wir uns weiterentwickelt haben, es die Sprache also auch muss. Nur, weil etwas »schon immer so war«, hat es keine automatische Legitimation, auch in Zukunft so zu bleiben.

Was tun? – »Du kannst mich gerne bei meinem Namen nennen, aber Spitznamen wie dieser sind unangebracht.«

Wer selbst mit einer Verniedlichung angesprochen wird, die einem unangenehm ist, oder es bei anderen mitbekommt, sollte den Mund aufmachen. Oft kann man im Moment selbst nicht schlagfertig und schnell reagieren, doch es ist völlig in Ordnung, das im Nachhinein noch zu adressieren. Vermutlich kann man davon ausgehen, dass keine schlechte Intention dahintersteckt, daher würde ich immer dazu raten, erst einmal darüber aufzuklären, dass etwas als unangebracht aufgefasst wird.

»Mein Name ist XY« kann das erste Eis brechen. Bitte lasse dich aber nicht in die Situation bringen, dass du das Gefühl hast, dich rechtfertigen zu müssen. Du musst niemandem erklären, warum genau du jetzt nicht mit »Mädchen« oder einer anderen Verniedlichung angesprochen werden willst. Es reicht, wenn du verdeutlichst, dass es dich stört. Und sollte dein Gegenüber sofort in die Erklärung gehen, warum er/sie sich das so angewöhnt habe, sag deutlich, dass du verstehst, dass es zu jeder Angewohnheit Hintergründe gibt, aber diese gerade für dich irrelevant seien. Relevant ist einzig, dass du die Ansprache nicht möchtest, sondern man stattdessen deinen Namen nutzen sollte. Und das ist dein gutes Recht.

»KANN ICH MAL MIT 'NEM MANN SPRECHEN?«

Kompetenz kennt kein Geschlecht – eigentlich. Dennoch ist »Darf ich mal 'nen Mann sprechen« ein Spruch, den man oft hört, speziell als Frau in leitender Funktion. Analog zu »Ich möchte den Manager sprechen« fordert man vermeintlich nach mehr Kompetenz, als sie die aktuelle Gesprächspartnerin besitzt. Unterbewusste Vorurteile und Stereotypen leiten einen dabei zu der Annahme, dass Männer über mehr Autorität, Kompetenz und Wissen verfügen, besonders wenn es sich um klassisch männliche Gebiete handelt. Dass diese Denkweise diskriminierend ist, muss man niemandem erklären, dennoch sehen sich täglich etliche Frauen mit diesem Satz konfrontiert.

Wie Ella zum Beispiel. Sie arbeitet im öffentlichen Dienst als Teamleiterin verschiedener Gruppen, unter anderem der Hausmeisterei. Sie ist nicht nur personell verantwortlich, sondern bearbeitet auch Bestellungen, Aufträge, Beschwerden und sonstige Anliegen. Sie plant die Mitarbeitenden entsprechend ein und ist für die Endergebnisse verantwortlich. Als Bereichsleitung spricht sie logischerweise auch mit Lieferant:innen und regelmäßig sind die Außendienstmitarbeiter verwirrt, wenn sie mit Ella über Werkzeuge und Maschinen sprechen sollen. Immer wieder wird nach einem Mann gefragt, da ihr die Kompetenz, die sie für ihren Beruf benötigt, nicht zugetraut wird – allein aufgrund ihres Geschlechts.

Pauline kennt diesen Spruch ebenfalls nur zu gut. Sie ist im Kundendienst für Fragen und Beschwerden zuständig. Teilweise sind es realistische Beanstandungen, die Kund:innen bei ihr platzieren, und sie sind an der richtigen Stelle, teilweise kommen aber auch Anliegen, die Pauline ablehnen muss. Ihre Kundschaft ist weitestgehend männlich, und so ist es an der Tagesordnung, dass nach Paulines Nein nach einem männlichen Kollegen verlangt wird.

Konkret erzählte sie mir von der Anfrage eines Kunden, der nach dem Kauf einer Baumaschine diese reklamieren wollte. Auf den ersten Blick konnte Pauline sofort erkennen, dass die Maschine nicht wie vorgesehen eingesetzt, sondern zweckentfremdet worden war. Sie erklärte dem Kunden, dass in diesem Fall leider keine Gewährleistung zum Tragen käme, und erläuterte im Detail, für welche Zwecke die Maschine vorgesehen war und benutzt werden durfte. Zumindest versuchte sie es. Als der Kunde realisierte, dass sie seiner

Anfrage nicht entsprechen würde, schrie er mit hochrotem Kopf, dass ja klar sei, dass sie als Frau nichts davon verstehe und er erwarte, dass jemand Fähiges, ein Mann, übernehmen würde. Er griff einen vorbeilaufenden Mann in Arbeitskleidung am Ärmel und brüllte, dass er ihm nun helfen sollte, und Pauline stattdessen Kaffee kochen gehen oder sonst was machen sollte, von dem sie etwas verstand. Ironischerweise war dieser Mitarbeiter ein Auszubildender in Paulines Abteilung, der rein gar nichts ausrichten konnte. Dieser Fakt trug nichts zur Verbesserung der Stimmung bei. Der Kunde rauschte wütend davon und versuchte sein Ziel telefonisch bei Paulines Manager zu erreichen. Der war aber schon informiert und lehnte ebenfalls ab.

Randnotiz: Es gab noch nicht eine Situation, in der Paulines Entscheidung von einem männlichen Kollegen oder Vorgesetzten aufgehoben oder geändert wurde. Auch sie scheint also ziemlich genau zu wissen, was sie tut.

Auch Estelle ist in einem klassisch männlichen Beruf tätig: Sie ist Handwerkerin und baut Häuser mit ihrem Team. Sie ist so kompetent, dass ihr Meister sie häufig konsultiert und ihre Meinung und Arbeit so sehr schätzt wie die keiner weiteren Person. Estelle ist großartig in ihrem Beruf, weshalb sie darüber hinaus für die Auszubildenden zuständig ist und ihnen die praktischen Tätigkeiten näherbringt. Dennoch passiert es auf beinahe jeder Baustelle, dass ihr ihre Kompetenz abgesprochen wird. Sprüche wie »Das nimmt aber der Chef ab, oder?« oder »Schaut da noch mal wer drauf?« hört sie andauernd, und es passiert nicht selten, dass Kund:innen die Praktikanten um Rat fragen, anstatt Estelle um ihre Einschätzung zu bitten. Offensichtlich strahlt selbst der sechzehnjährige Praktikant für einige Kund:innen mehr Fachkompetenz aus als die langjährig tätige, überaus kompetente Handwerkerin. Noch deutlicher kann man nicht machen, welche schädlichen Auswirkungen die tief verankerten Stereotypen haben.

Was tun? – »Mein Geschlecht hat keinen Einfluss auf meine Kompetenz.«

Meines Erachtens sollte man sich bewusst machen, dass sich hier oft kein böser Wille zeigt, sondern einfach die viel zu lange gelebten Stereotypen ein Bild hinterlassen, das suggeriert, man spräche nicht mit der kompetentesten Person. Gesprächspartner:innen wollen möglichst kompetent beraten werden. Und genau das kann man bestätigen.

Mit Antworten wie »Ich versichere dir, dass ich über alle nötigen Kompetenzen verfüge« oder Gegenfragen wie »Zweifelst du an meiner Kompetenz? Dafür gibt es keinen Grund.« bewegt man hier vermutlich mehr als mit einer Eskalation. Hilft das nicht, oder ist die Frage des Gegenübers eben doch keine Unwissenheit, sondern bewusst angreifend, bleibt immer noch der offensivere Weg: »Ich agiere hier im Rahmen meines Berufes und meiner Kompetenz. Ich erwarte, dass du das respektierst.«

KRITIK UNERWÜNSCHT

Wer in patriarchalischen Strukturen aufgewachsen ist, wurde sicherlich damit konfrontiert, dass der Mann unhinterfragt im Haus die Regeln aufstellt. Kritikunfähigkeit bei toxischen Männern ist ein Phänomen, das ich persönlich, aber auch viele meiner Gesprächspartner:innen häufig beobachteten. Doch wieso können toxische Männer schlecht mit Kontern oder Rückfragen umgehen? Und wie zeigt sich diese Kritikunfähigkeit im (Berufs-)Alltag?

Zunächst spielt auch hier die Sozialisierung wieder eine entscheidende Rolle. Toxischen Männern wird oft das Ideal der Stärke, Macht und Unabhängigkeit beigebracht, was es ihnen entsprechend schwer macht, Kritik anzunehmen oder Schwächen anzuerkennen und zuzugeben. Da im Rahmen dieser Sozialisierung Verletzlichkeit und Gefühlsäußerungen als Schwäche angesehen werden, haben es entsprechend geprägte Männer schwer, offenes Feedback anzunehmen und daran zu wachsen.

Ein weiterer, nicht zu vernachlässigender Grund kann mit dem persönlichen Selbstwertgefühl oder Selbstbewusstsein zusammenhängen. Kritik kann sich manchmal wie ein persönlicher Angriff anfühlen und Scham oder Verlegenheit auslösen. Hat eine kritisierte Person zudem mit Selbstzweifeln oder Unsicherheiten zu kämpfen, wird sie (meist unterbewusst) verstärkt versuchen, Elemente in der Kritik zu entdecken, die sie als persönlichen Angriff werten kann. Feedback wird hier also nicht als Möglichkeit zur Entwicklung gesehen, sondern als Bestätigung dessen, dass man nicht gut genug sei und von anderen schlecht bewertet oder behandelt werde. Menschen mit niedrigem Selbstwertgefühl sind also bei Kritik wesentlich sensibler, da sie sie als persönlichen Angriff auf den eigenen Charakter oder die eigenen Fähigkeiten sehen.

Wer also in patriarchalischen Strukturen sozialisiert wurde und auf das dort geschaffene Idealbild des Mannes hinarbeitet, wird Kritik nicht als Möglichkeit zum Wachsen ansehen und das kritisierte Verhalten reflektieren, sondern sofort in den Verteidigungsmodus wechseln.

Gregor, der relativ neu in einer Managementposition in einem Konzern war, berichtete an Corinna. Zunächst erzählte er allen Kolleg:innen, dass er mit Corinna essen gewesen sei und daher wüsste, dass sie ihn über alle Maßen schätzte. Seine Karriere unter Corinna würde großartig werden und er sei ihr Favorit. Als nach kurzer Zeit klar wurde, dass das nicht der Fall war, sondern das Essen ein Standardessen mit neuen Mitarbeitenden war, sie ihn weder in den Himmel lobte, noch ihm alles durchgehen ließ, begann er, sie schlechtzureden. In den wöchentlichen Teammeetings mit seinen Mitarbeitenden lästere er mit großer Freude über Corinna, über ihre Unfähigkeit, dass er für Größeres bestimmt sei, dass er den Job nicht angenommen hätte, wenn er mit so einer Führungskraft gerechnet hätte. Jedoch zog Gregor keine echten Konsequenzen und wechselte weder die Rolle noch das Unternehmen, zudem hat er nie etwas zu Corinna gesagt. Es war für alle offensichtlich, dass die Wurzeln seines plötzlichen Sinneswandels und die Schimpftiraden in Corinnas Kritik lagen, die seine Arbeit nicht ungesehen absegnete. Seine Qualifikationen reichten allerdings nicht dafür aus, einen anderen Job auf ähnlichem Level zu bekommen, und so blieb er in der Position, und vermutlich beschwert er sich auch jetzt in diesem Moment noch darüber, wie unberechtigt jegliche Kritik an ihm und seiner Arbeit doch sei.

Ein anderer Manager, der sich mit Empathie und Kritik schwertut, ist Julian. Er war in der Schul- und Universitätszeit nie sonderlich beliebt oder ein Überflieger, verstand es aber, sich für den Boys' Club als wichtige Figur zu platzieren, indem er einige heiße Eisen aus dem Feuer holte und dafür Karrierechancen bekam, die ihm ansonsten verwehrt geblieben wären. Julian war der Feuerlöscher für den Boys' Club seines Unternehmens, also kam er schnell in Positionen, die sein Ego immer weiterwachsen ließen.

Julian genoss diese neue Macht sehr und legte alles daran, sie nicht wieder zu verlieren. Kritik war für ihn das Schlimmste; er konnte Feedback nicht objektiv verstehen und fühlte sich sofort angegriffen. Ihm war aber gleichzeitig bewusst, dass er es sich nicht leisten konnte, auf seinem Level gekränkt auf Feedback zu reagieren, geschweige denn danach durch die Decke zu gehen. Er sagte daher immer brav »danke für das Feedback«, um sich unmittelbar seiner Mitarbeiterin Bea zuzuwenden, die sich seinen Unmut anhören durfte. Er fragte sie, was den Personen einfallen würde, die ihn kritisieren, dass es eine Frechheit sei, sich das herauszunehmen, und er teilte Bea mit, dass sie die Person auf »die Liste« schreiben sollte.

Diese Liste war eine Aufzählung all der Menschen, die Julian in seinem Berufsleben kritisiert oder es gewagt hatten, zu ihm, seiner Arbeit oder seinem Team Feedback zu geben. Abgesehen davon, dass er sich diesen Nachrichten komplett verschloss, trug er »die Liste« immer bei sich. Und er hatte Rache geschworen. Niemand, der ihn kritisiert hatte, würde davonkommen, ohne dass er der Person geschadet hatte. Und damit er auch ja niemanden vergessen würde, notierte er die Namen.

Im Laufe der Zeit beobachtete Bea diverse Racheaktionen. Angefangen bei simplen Aktionen wie die Erwähnung der Person im negativen Kontext – man könnte es auch Rufmord nennen – bis hin zu Abstrusitäten, die verhinderten, die die Karrieren dieser Personen behinderten, war Julian überaus kreativ, wenn es darum ging, seine gekränkte Ehre zu verteidigen.

Ein verrückter Aspekt der Geschichte ist der, dass die Opfer seiner Racheaktionen zum Großteil vermutlich nicht mehr von ihrer geübten Kritik wussten, weil es sich um solche Banalitäten handelte, die jeder Mensch mit ein wenig Empathie locker wegsteckte und als nicht erwähnenswert empfand. Doch Julian war so besessen von dem Gedanken, sich zu verteidigen und zu rächen, dass es unmöglich schien, ihn aufzuhalten. Bea selbst kämpfte öfter mit ihrem Gewissen und machte mehrmals Anmerkungen, die Julian signalisierten, dass er übertrieb, doch diese Bemühungen erstickte er im Keim. Sie war entweder auf seiner Seite oder endete auf der Liste.

Einen weiteren Mann, der deutlich zeigte, dass er nicht offen für Kritik war, nenne ich hier Jonathan. Er leitete einen recht großen Konzernbereich und stellte in einem Meeting die neue geplante Strategie seines Teams vor. Doch diese war nicht nur wenig durchdacht und ausgearbeitet, sondern ähnelte einem Vorgehen sehr, welches vor wenigen Jahren schon versucht worden und gnadenlos gescheitert war. Marieke war auch auf Jonathans Hierarchiestufe, daher in dem Meeting anwesend, und hatte das Scheitern live und in Farbe miterlebt.

Als Jonathan mit seiner Präsentation fertig war, meldete sie sich. Sie sprach über die Parallelen und wies darauf hin, dass mit der Strategie ein großes Risiko einherging und sie davon abraten würde. Doch anstatt dankbar für den Hinweis das Feedback anzunehmen und die Strategie zu überdenken, verhielt sich Jonathan, als sei er persönlich angegriffen worden. Er teilte Marieke mit, dass sie falsch läge, dass er ein gutes Gespür habe und nicht auf ihre Hilfe angewiesen sei. Überhaupt sei es keine Hilfe, wenn man versuchte, andere schlecht zu reden, und er sei ja wohl aus gutem Grunde auf dieser Position. Er empfand offensichtlich die Kritik an seiner vorgestellten Strategie als persönliche Attacke, und ihm lag nichts ferner, als kritisch die Basis dieser Anmerkungen zu hinterfragen.

In den kommenden Monaten bekam Marieke zu spüren, wie verletzt Jonathan von ihrer Wortmeldung war. Er ließ keine Gelegenheit des Angriffs oder Widerspruchs aus. Sobald sich Marieke in Terminen äußerte, schoss er gegen sie und tat alles dafür, ihre Kompetenz infrage zu stellen. Als sie Jonathan schließlich darauf ansprach, erwiderte dieser, dass er nur Kritik äußerte, und sie das doch so gerne möge. Unterstützung von anderen Führungskräften suchte sie vergeblich und verließ nach einiger Zeit resigniert und desillusioniert das Unternehmen.

Diesen schlechten Umgang mit Kritik sehen wir häufig bei Menschen, die im Glauben aufwuchsen, sie seien unantastbar, und dass Feedback anzunehmen ein Zeichen von Schwäche sei. Eigentlich können diese Menschen einem leid tun, denn unterm Strich ist eine solche Aversion gegen Kritik auch meist ein Zeichen für ein geringes Selbstwertgefühl, doch im Berufskontext erschwert diese Eigenart die produktive und kollaborative Arbeit.

Was tun? – »Wir sollten hier die Gefühle außen vor lassen und auf der Sachebene bleiben.«

Hat man es mit kritikunfähigen Menschen zu tun, kann man verschiedene Ansätze versuchen. Zum einen ist die Wortwahl oft ausschlaggebend. So wirken Ich-Botschaften oft weniger offensiv als direkte Ansprachen, wie »Ich habe hier andere Erfahrungen gemacht« anstatt »Du liegst da falsch«. Offene Fragen anstelle von geschlossenen fühlen sich auch weniger nach Kritik an, wie »Welche anderen Wege gäbe es noch, sollen wir gemeinsam überlegen?« anstelle von »Eine andere Strategie wäre besser, denkst du nicht?«

Zum anderen macht hier, wie so oft, der Ton die Musik. Wer dem Kritisierten mit Empathie entgegentritt (»Ich kann gut nachvollziehen, warum das ein wichtiges Thema für dich ist«) und den Fokus auf das gemeinsame Ziel lenkt, hat in der Regel bessere Chancen auf einen Perspektivenwechsel oder Offenheit für andere Ideen.

Letztendlich muss man sich bewusst machen, dass sich das Gegenüber emotional angegriffen fühlt, da entgegnet man erfahrungsgemäß am effektivsten, wenn man die Unterhaltung ganz bewusst auf die Sachebene zurückführt. Alle wollen, dass das Projekt, das Team oder das Unternehmen erfolgreich ist. Und auf der Sachebene lässt sich der Weg zu diesem Erfolg am besten definieren.

DER GEMEINSAME FEIND

Ein weiteres, oft zu beobachtendes Phänomen ist der Zusammenhalt unter toxischen Männern, wenn jemand sich gegen sie auflehnt. Eigentliche Konkurrenten mit unterschiedlichen Meinungen oder Zielen, die sonst wenig gemein haben, finden plötzlich ihre gemeinsame Stimme und halten zusammen wie Pech und Schwefel, wenn es um die Verteidigung des Patriarchats geht.

In einer Position, in der ich arbeitete, konkurrierten zwei Manager im Parallelteam, Friedrich und Konrad, um die Gunst ihres gemeinsamen Managers Kai. Dieser konnte jedoch auch als Mann wenig mit den schädlichen Werten der beiden anfangen. Kai hat das Team so übernommen und sich die zwei vermutlich nicht selbst für sein Führungsteam ausgesucht. Im direkten Vergleich mit den anderen Führungskräften auf ihrem Level waren sowohl Friedrich als auch Konrad deutlich unterdurchschnittlich, hatten füreinander auch kein gutes Wort übrig. Sie wollten schlicht nicht als der Schlechteste dastehen. Beide fühlten sich dem anderen überlegen und fanden, dass sie selbst in der Karriereleiter aufsteigen und den anderen hinter sich lassen sollten. Kam es jedoch dazu, dass jemand Kritik äußerte, die beide auf sich bezogen, hatte man plötzlich den Eindruck, mit zwei besten Freunden zu sprechen. Es wurden sich Bälle zugespielt, Wahrheiten verdreht, und sie bestärkten sich gegenseitig, was ansonsten absurd gewesen wäre, da sie kein gutes Haar am jeweils anderen ließen.

Einmal ging eine Beschwerde bei Kai ein. In den von den beiden geführten Teams war die Kultur sehr schlecht. Der unangebrachte Ton, den beide Führungskräfte an den Tag legten, zeigte sich auch in ihrem Team, so vergriffen sich einige der Mitarbeitenden häufiger im Ton. Ein Kunde, der mit Mitarbeitenden aus beiden Teams gearbeitet hatte, spiegelte dies Kai, welcher eine Nachricht an Friedrich und Konrad schickte mit der Bitte, dies in den Teams zu besprechen und dafür zu sorgen, dass es nicht mehr vorkomme.

So wenig die beiden sonst kollaborierten, steckten sie jetzt doch die Köpfe zusammen, um möglichst detailliert und umfangreich zu begründen, warum der Kunde im Unrecht sei und sie ihre Jobs als Führungskräfte hervorragend erledigten. Es wurden E-Mails geschrieben, die Aufsätzen glichen und begründen sollten, warum die Anforderungen des Kunden nicht realistisch waren, warum der angeprangerte Tonfall keineswegs unangemessen sei und warum sie herausragende Arbeit als Führungskräfte leisteten. Von der Rivalität der beiden war plötzlich nichts mehr zu erkennen – sie ließ aber nicht lange auf sich warten, da Konrad bei der nächsten sich bietenden Gelegenheit wieder seine Überlegenheit über Friedrich beweisen wollte.

Woher kommt dieses plötzliche Gefühl der Verbundenheit? Warum werden Feinde zu Teamplayern, wenn es ernst wird? Ganz einfach: Toxische Männer werden immer dann zusammenhalten, wenn ihre auf dem Patriarchat basierende Machtposition bedroht scheint. Die Gefahr des Einflussverlusts scheint größer als der Sprung über den Schatten, mit dem jeweils anderen ein kurzzeitiges Bündnis einzugehen.

Unternehmen, in denen es keine starken Systeme für die Einhaltung von ethischem und respektvollem Verhalten gibt, können ein Umfeld schaffen, in dem toxische Manager:innen gedeihen. Wenn diese wissen, dass sie wahrscheinlich keine Konsequenzen für ihre Handlungen zu erwarten haben, ist es wahrscheinlicher, dass sie Allianzen bilden und zusammenhalten, um sich der Verantwortung zu entziehen. In einem solchen Umfeld haben die toxischen Männer die Gelegenheit, selbst zu definieren, was ein für sie angebrachtes Verhalten am Arbeitsplatz ist. Sie halten ihr toxisches Verhalten für gerechtfertigt oder sogar notwendig für den Erfolg und unterstützen sich bei der Aufrechterhaltung dessen.

Im hohen Management kann man auch immer wieder ähnliche Handlungen beobachten. Henry und Oskar waren direkte Kollegen auf hoher Führungsebene in einem Konzern. Sie konnten sich nicht ausstehen, woraus sie in vertrauter Runde auch keinen Hehl machten. Beide wollten als nächsten Karriereschritt den Job ihres gemeinsamen Managers, beide hielten sich für am besten geeignet dafür. Sie ließen kein gutes Haar an dem anderen und nutzten jede Gelegenheit, sich vermeintlich besser zu positionieren: Henry fand, dass Oskar zu wenig Ahnung von der Thematik hatte, zudem keine gute Führungskraft sei; Oskar war der Meinung, dass Henry ein Mikromanager war und auf diesem Level nichts zu suchen hatte. Von außen gesehen hatten beide berechtigte Kritik am Gegenüber, dennoch hielten sich die zwei wacker.

Doch dann kam es zu einem Skandal, welcher publik wurde und beide involvierte. Ihr Verhalten wurde öffentlich gerügt und ihre Fähigkeiten angezweifelt. Plötzlich war es, als spräche man mit Brüdern, die seit ihrer Geburt ein wunderbares Verhältnis zueinander hegten. Die (nachweislich korrekten) Anschuldigungen seien aus der Luft gegfriffen. Sie begannen eine Hexenjagd nach den Menschen, die sich getraut hatten, das fehlerhafte Verhalten zu melden, und wurden letztendlich auch fündig. Anstatt das eigene Verhalten zu überdenken und zu reflektieren, taten sie sich zusammen und verdrehten die Wahrheit dermaßen, dass sie am Ende alle Schuld von sich weisen konnten. Jegliche Vorwürfe wurden abgestritten, die Personen, die geredet hatten, wurden gefeuert; zwischen den beiden war für einen kurzen Moment so etwas wie eine Freundschaft entstanden – die Bedrohung wurde erfolgreich gemeinsam eliminiert.

Doch natürlich war der neu gewonnene Zusammenhalt nicht von Dauer. In der Sekunde, in der man sich wieder gegenseitig Messer in den Rücken stechen konnte, wurde genau dies getan. Solange der andere von Nutzen war und man einen gemeinsamen Feind hatte, vereinte man die Kräfte, nur um sich direkt danach wieder zu bekriegen.

Ole, Mitglied im Vorstand eines großen deutschen Unternehmens, suchte sich genau mit dieser Option im Hinterkopf oft seine direkten Mitarbeiter:innen aus. Nicht die Qualifikation entschied, sondern die Einschätzung, wer bei einem aufkommenden Sturm am ehesten dafür sorgen würde, dass Ole windgeschützt blieb. So stellte er auch diverse toxische Männer ein, die er zwar ganz offensichtlich weder menschlich noch fachlich besonders schätzte, die ihm jedoch von nicht unbeträchtlichem Nutzen waren. Da sein Führungsstil zu wünschen übrig ließ, wie auch seine Moralvorstellungen und seine Idee dessen, was ein angebrachtes Verhalten gegenüber Mitarbeitenden war, geriet Ole regelmäßig in Situationen, die ihn schnell das Vorstandsmandat kosten könnten. So erkaufte er sich die Gewissheit, im Härtefall von seinen direkten Mitarbeitenden verteidigt zu werden, indem er diesen Menschen Positionen gab, an die sie auf normalem Wege vermutlich nie gelangt wären.

Sein Plan ging auf. Wurde er mit (legitimen) Anschuldigungen konfrontiert, kümmerte sich sein Team um die Lösung der Situationen. Ohne dass er jemals Stellung beziehen musste, reichte die Macht seiner Gruppe aus, um seinen Kopf immer wieder aus der Schlinge zu ziehen. Seine Mitarbeitenden fühlten sich ihm gegenüber verpflichtet, denn letztendlich waren auch ihre Stellen bedroht, wenn Ole nicht mehr im Vorstand säße, denn, käme es plötzlich auf Leistung an, hätten sie schlechte Chancen, sich dort zu halten.

Was tun? – »Nur weil mehrere es sagen, wird es nicht richtiger.«

Steht man in der Schusslinie von Rivalen, die sich zusammentun, hat man ziemlich sicher keinen Spaß. Wichtig ist meiner Erfahrung nach hier Dokumentation, was bedeutet, dass man möglichst alle Angelegenheiten entweder schriftlich klärt oder im Anschluss an Gespräche eine Zusammenfassung an alle Beteiligten verschickt.

Werden toxische Männer zur toxischen Einheit, gilt es, einen kühlen Kopf zu bewahren. Mach dir bewusst, dass der Fakt, dass man sich zusammentut, bedeutet, dass die Personen allein dir oder der Situation entgegenstehen können. Sie haben Angst und fühlen sich bedroht – vermutlich aus gutem Grund. Lass dir also nicht einreden, dass du in der Unterzahl und deshalb unterlegen seist – vielmehr hast du vermutlich so viel in der Hand, dass es bedrohlich für die Gegenseite wird.

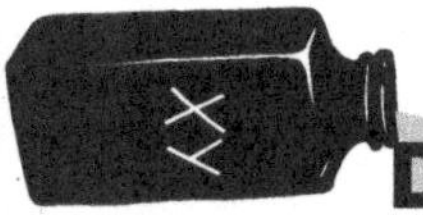

DER WIRTSCHAFTLICHE ASPEKT: DIE KUNDEN VON MORGEN SIND DIVERS

Es ist nicht schwer, Argumente dafür zu finden, dass das Ende der toxischen Männlichkeit eingeleitet werden muss. Rein menschlich gesehen profitieren alle davon. Doch es gibt auch weitere Perspektiven, die deutlich machen, wie dringend ein Umdenken notwendig ist. Betrachten wir Unternehmen und deren Wirtschaftlichkeit, sehen wir viel Potential und dringenden Handlungsbedarf.

WAS DER ALTE WEISSE MANN VON GESTERN WOLLTE

Lange Zeit waren die Zielgruppen für die meisten Produkte weitestgehend homogen: Sowohl in privaten Haushalten als auch in Unternehmen hatten Männer, im Idealfall der so oft zitierte »alte weiße Mann«, die Entscheidungsgewalt inne. Der Mann sorgte für das Einkommen und entschied auch darüber, wofür es ausgegeben wurde. Auch innerhalb der Unternehmen war es typischerweise ein Mann, der die relevanten Entscheidungen traf.

Diese führte dazu, dass Produkte auch entsprechend passgenau für diese Zielgruppe entwickelt und vermarktet wurden. Die Bedürfnisse der potenziellen Kunden waren homogen, wie auch die daraus resultierende Marketingstrategie. Inklusion von Produkten war kein Faktor, der über den Markterfolg entschied. Daher wurden Bilder und Botschaften verwendet, die an traditionelle männliche Stereotypen appellierten, wie Stärke, Zähigkeit oder Unabhängigkeit.

Besonders bei Konsum- und Luxusartikeln war die Zielgruppe sehr deutlich erkennbar: der Marlboro-Cowboy, der in seiner Coolness in den Sonnenuntergang ritt, die leicht bekleidete Dame, die das Auto präsentierte, oder auch die attraktiven Frauen, die Lebensmittel bewarben, während Menstruationsprodukte nur unter Scham und Stillschweigen gekauft wurden. Lange Zeit war es nicht nur geduldet, sondern ein erprobtes Erfolgsrezept, Sexismus und toxische Geschlechterrollen für Produktverkäufe zu nutzen.

Doch nicht nur im Marketing war die Zielgruppe so klar definiert. Auch in der Produktentwicklung selbst spielten lange Zeit ausschließlich die Normmänner eine Rolle. Die Welt, in der wir leben, wurde von Männern für Männer gemacht: Angefangen bei Crashtest-Dummys, die ausschließlich den Durchschnittsmann darstellten, über Medikamente die (fast) ausschließlich an männlichen Probanden getestet wurden, bis hin zu den Größen von Produkten wie Handys, Supermarktregalen oder auch Arbeitsplatten in Küchen, die auf Männer ausgelegt waren und in der Regel die falsche Größe für eine durchschnittliche Frau hatten. Der Kunde bestimmte hier das Angebot und dieser war nun mal männlich.

Was wir unter dem Namen »Gender Data Gap« kennen, zeigt sich in der Realität sehr deutlich: Arbeitsplätze werden auf Männer ausgerichtet, sodass weder die ergonomischen Bedingungen für Frauen ideal sind noch die Standardraumtemperaturen. Der klassische Schreibtisch hat die richtige Höhe für die durchschnittliche Größe eines Mannes, genau wie die 19 Grad als Standardtemperatur in Büros für den durchschnittlichen Mann genau richtig, für die durchschnittliche Frau aber zu kalt sind – Ausnahmen bestätigen die Regel.

Spracherkennungssoftware wird mit männlichen Stimmen getestet auf diese ausgelegt, was dazu führt, dass sie häufiger Probleme mit weiblichen Stimmen hat. In beinahe allen offiziellen Dokumenten wird das generische Maskulinum als Standard benutzt. Schutzkleidung wie Kopfhörer, Stahlschuhe oder Handschuhe sind für Männer entworfen und müssen für Frauen teilweise extra angefertigt werden. Redet man von Fußball, denken alle automatisch an Männerfußball – meint man die Frauenmannschaft, muss man das speziell erwähnen. Frauen verdienen weniger als Männer, und das nicht, weil sie etwa in schlechter bezahlte Berufe gehen. Die heute als frauendominiert angesehenen Berufe wurden erst dann zu schlecht bezahlten Berufen, als Frauen sie übernahmen. Und wo wir beim Thema Arbeit sind: Vor 1977 durften Frauen nur mit Genehmigung ihres Ehemannes arbeiten. Kein Wunder, dass wir heute noch die Nachwehen davon spüren und keine Gleichbehandlung in der Arbeitswelt sehen.

Diagnosen von Krankheiten sehen bei Frauen teilweise komplett anders aus als bei Männern. So kommt es, dass erst seit circa zehn Jahren ADHS-Erkrankungen bei Frauen erforscht werden, die sich oft völlig anders zeigen als bei Männern. Basieren die Diagnosen auf Symptomen, die Männer typischerweise vorweisen, wie Hyperaktivität oder Impulsivität, wird man wenige Frauen diagnostizieren. Seit man sich in der Erforschung nicht nur auf Männer fokussiert, sondern auch Frauen mit einbezieht, fallen neue Symptome auf, die sich verstärkt bei Frauen zeigen und letztendlich zu einer höheren Anzahl an ADHS-Diagnosen bei Frauen geführt haben. Diese Symptome sind zum Beispiel Unaufmerksamkeit, die sich nicht durch Hyperaktivität, sondern durch Tagträume zeigt, innerliche Kämpfe in Bezug auf Überforderung, geringes Selbstwertgefühl oder Angstzustände, oder auch das »Masking«, also das Überspielen von Symptomen, welches die Diagnose wiederum erschwert.

Genau wie ADHS sehen viele Krankheiten bei Frauen anders aus als bei Männern. Depressionen als weiteres Beispiel werden bei Männern seltener diagnostiziert, da sich hier ebenfalls andere Symptome zeigen, und, wie anfangs erwähnt, der gesellschaftliche Druck, hart und stark zu sein, für Männer deutlich größer ist, was unter Umständen dazu führt, dass diese Symptome verheimlicht oder heruntergespielt werden. Die klassische Depressionsdiagnose stützt sich also auf den üblichen Symptomen von Frauen und legt den Trugschluss nahe, dass Männer seltener darunter litten. Während also Unruhe, depressive Verstimmungen und Schwermut Symptome sind, die in der allgemeinen Wahrnehmung eine Depression begleiten, sind dies primär die Symptome, die sich bei Frauen zeigen. Männer hingegen leiden häufiger auch unter Reizbarkeit, antisozialem Verhalten und Aggressionen. Somit bleiben männliche Depressionen vermutlich häufiger unentdeckt, was auch von Zahlen der Weltgesundheitsorganisation zu Suiziden bestätigt wird.

Mit der Wirksamkeit von Medikamenten verhält es sich ähnlich: Es gibt drastische Unterschiede bei den Geschlechtern. Opiate zum Beispiel schlagen laut Studien bei Männern schneller an als bei Frauen, während Antidepressiva von Frauen anders verstoffwechselt werden und dadurch in Wirkungen, aber auch besonders in Nebenwirkungen, stark von den männlichen Testgruppen abweichen. Schlaftabletten bauen sich bei Frauen langsamer ab, was zu Morgenmüdigkeit führen kann, während Betablocker bei Frauen eine stärkere Wirkung entfalten als bei Männern.

Betrachten wir die vorhin kurz aufgeführten Beispiele näher, sehen wir auch hier drastische Auswirkungen auf Frauen und deren Gesundheit. Durch zum Beispiel die Crashtest-Dummys, mit denen Autos auf Sicherheit getestet werden, die aber dem Durchschnittsmann entsprechend designt wurden, ergab sich ein fast 50 Prozent höheres Risiko für Frauen, sich bei Autounfällen zu verletzen. Und erst im Jahre 2018 wurde erstmals ein Crashtest-Dummy vorgestellt, der dem Körper einer Durchschnittsfrau glich.

Dass Frauen in den Daten berücksichtigt werden, war nicht immer gegeben, und bei einigen Themen stecken wir leider immer noch in den Kinderschuhen. Doch bedenkt man, wer bis vor einigen Jahren noch die alleinigen Entscheidungstragenden waren, scheint es logisch. Warum sollte man eine Zielgruppe ansprechen, die gar keine Kaufkraft oder Entscheidungsgewalt und somit keine Stimme besitzt? Die Bedürfnisse der männlichen Kunden wurden lange in den Mittelpunkt gestellt und somit war es auch völlig ausreichend, wenn jene Produkte vom Durchschnittsmann entwickelt und vermarktet wurden, denn der kannte die Erwartungen des Marktes ja wie seine Westentasche. Doch diese Zeiten sind vorbei.

DIE KUNDEN VON MORGEN SIND DIVERS

Kund:innen sind schon lange keine homogene Gruppe mehr. Wir sehen heute diverse Geschlechter, Generationen, soziale Herkünfte und Lebenskonzepte als Richtungsweiser für Produkte. Sowohl bei jenen, die direkt an Kund:innen verkauft werden, als auch jenen, deren Zielgruppe Unternehmen sind, hat dies Einfluss, denn beinahe alle Produkte finden heute Abnehmer:innen in verschiedenen Gruppen der Gesellschaft.

Während es damals noch genügte, auf die Bedürfnisse des männlichen Familienoberhauptes oder Unternehmensverantwortlichen einzugehen, und diesen davon zu überzeugen, dass ein gewisses Produkt einen Mehrwert darstellt, sind die Anforderungen heute wesentlich vielschichtiger. Ein Beispiel: Schaut man auf die Einrichtung von Büros, so fand man klassischerweise früher schwere, dunkle, massive Möbel. Der Schreibtisch in Eiche rustikal war ein Statussymbol, daher ein Verkaufsschlager bei der Zielgruppe, die damals die Gestaltung der Büros festlegte: erfolgreiche Businessmänner, die in der Regel weiß und mittleren Alters waren. Für Büromöbelhersteller war es nur konsequent, eben jenen Stil im Produktdesign zu beachten. Als sich jedoch immer diversere Menschen in den Büros einfanden, entwickelte sich auch der Geschmack: Plötzlich sah man andere Farben, Materialien, Formen. Auch die Funktionalität bekam mehr Aufmerksamkeit, denn eine Frau, die im Schnitt kleiner ist als der durchschnittliche Mann, benötigt unter Umständen einen niedrigeren Schreibtisch für optimale Arbeitsbedingungen. Ein Umdenken beim Design war also zwingend notwendig, wenn man weiterhin am Markt relevant bleiben wollte.

Mit diverseren Kund:innen veränderte sich auch der Bereich Sicherheit: Die bereits erwähnten auf den Durchschnittsmann ausgelegten Crashtest-Dummys konnten ja nur für Tests herangezogen werden, die männliche Fahrer simulierten. Da Frauen aber vermehrt Auto fuhren und selbige dementsprechend auch kauften, musste das Produkt Auto anders konzeptioniert werden, um für diese neue Kundinnengruppe relevant zu sein. Beispielsweise wurde die Positionierung der Airbags an die Durchschnittsfrau angepasst, um auch sie bei Unfällen optimal zu schützen. Wenn Autohersteller weiterhin auf Produkte setzen, die ausschließlich für Männer konzipiert sind, verlieren sie als Konsequenz das Interesse dieser neuen, aber durchaus bedeutenden Gruppe aus Kundinnen.

Deutlich ist auch der Unterschied, den wir in der Agenturarbeit sehen, beispielsweise bei Marketingagenturen, die Präsentationen für Unternehmen erstellen. Ist eine Agentur von einem Unternehmen beauftragt, kommt sie nicht mehr drumherum, auch diverse Menschen bei der Erstellung der Produkte oder Präsentationen zu Rate zu ziehen. Wenn die Erstellenden alle aus einer Gesellschaftsgruppe kommen, sind die Ergebnisse in der Regel genau das: einseitig. Diese Präsentationen und Konzepte sprechen dann meist die Menschen aus der gleichen Gesellschaftsgruppe an. Jedoch werden Menschen, die anders denken und handeln, mit ihren Bedürfnissen und potenziellen Fragen nicht in Betracht gezogen, und meiner Erfahrung entsprechend merkt man dies deutlich.

Die meisten Menschen haben diesen Fun Fact schon einmal gehört: Es gab bis 2019 mehr Männer mit den Vornamen Michael und Thomas in deutschen Vorständen als Frauen.[19] Und obwohl dieser Fakt einen im ersten Moment schmunzeln lässt, so zeigt er doch genau das Problem auf, mit dem sich viele Unternehmen aktuell schon und in der Zukunft noch stärker konfrontiert sehen:

Alte weiße Männer erschaffen Produkte für alte weiße Männer.

Frauen erschaffen Produkte für Frauen.

Menschen mit Behinderung erschaffen Produkte für Menschen mit Behinderung.

Und so weiter …

Wer nicht aus Moral und gesellschaftlicher Verantwortung ein Spiegelbild der Gesellschaft im Unternehmen repräsentieren möchte, der hat hier einen weiteren Grund: ohne diverse Mitarbeitende, keine diversen Kund:innen! Was für die meisten Unternehmen langfristig das Ende bedeutet.

WARUM FEHLENDE REPRÄSENTATION UNTERNEHMEN ZERSTÖREN WIRD

Diversität ist keine Hippieveranstaltung mit dem Ziel, dass sich jede:r wohlfühlt. Es ist auch keine soziale, uneigennützige Handlung, die Geld, Zeit und Ressourcen kostet. Diversität ist das, was in Zukunft den Unterschied machen wird. Wo kaufen Kund:innen? Sicherlich nicht dort, wo niemand ihre Bedürfnisse versteht. Kund:innen kaufen jene Produkte, die im Idealfall für sie gemacht wurden, oder sich wenigstens so anfühlen. Und zwar von Menschen, die verstehen, was das bedeutet.

Wie dies langsam, aber sicher in den Markt Einzug findet, sehen wir an vielen, kleinen Beispielen. In den Sozialen Medien veröffentlichte vor einiger Zeit eine Content Creatorin mit besonderen Bedürfnissen ein Video.

Durch eine Fehlbildung an einer Hand fällt es ihr unter anderem laut eigener Aussage schwer, reguläre Drehverschlüsse zu öffnen. Diese Creatorin zeigte in dem Video, wie sie die Produkte von Rare Beauty, der Kosmetikmarke Selena Gomez', öffnete. Hier wurden auf den normalen Drehverschluss kleine Kreise geklebt, die man einfach greifen und drehen kann. Somit ist diese Frau bei ihrem Make-up nicht auf fremde Hilfe angewiesen. Es mag wie eine Kleinigkeit klingen, aber solche Momente der Selbstständigkeit können viel bedeuten.

Um im Bereich Beauty zu bleiben: Etablierte Kosmetikmarken für den Verkauf in Drogerien, wie L'Oreal oder Max Factor, mussten in den letzten Jahren viel Kritik bezüglich der fehlenden Inklusion ihrer Produkte einstecken. Betrachten wir die Farbpaletten, in denen sie Make-up produzieren, sehen wir, dass beispielsweise getönte Tagescremes für Weiße und Menschen mit einem leicht dunkleren Hautton angeboten werden. Nicht-weiße Menschen finden hier selten einen passenden Ton, außerdem sind andere Artikel wie Lippenstiftfarben usw. ebenfalls selten auf andere Hauttöne abgestimmt. Kosmetikfirmen, die in den letzten Jahren immer bekannter und umsatzstärker wurden, setzen genau hier an. Wenn Fenty Beauty oder Huda Beauty Produkte an den Markt bringen, sind diese in der Regel inklusiv und werden auch im Marketing an den diversesten Menschen gezeigt.

Doch auch in anderen Bereichen des Lebens sehen wir große Schritte in Richtung Inklusion, die sicherstellen wollen, dass alle potenziellen Kund:innen gesehen und deren Bedürfnisse berücksichtigt werden. Apple zum Beispiel arbeitet kontinuierlich daran, die eigenen Produkte für alle Menschen bedienbar zu machen. So wurden in den letzten Jahren nicht nur der Sprachassistent überarbeitet, sondern Features wie VoiceOver (liest die Texte auf dem Bildschirm vor), AssistiveTouch (hilft bei motorischen Beeinträchtigungen), das automatische Einblenden von Untertiteln und viele weitere Hilfestellungen entwickelt und integriert. Auch im Bereich Gender Data Gap hat Apple nachgelegt: Ihre Smartwatch misst nun diverse Körperwerte wie beispielsweise die Körpertemperatur, um den Menstruationszyklus von Frauen vorherzusagen, zu überwachen und Anomalitäten aufzuzeigen.

Mattel, der Barbie-Hersteller, produziert nicht mehr nur die klassische Barbie mit heller Haut, dünner Figur und blonden Haaren, sondern hat das Sortiment inzwischen auf diverse Hautfarben, Körperformen, Haare sowie Körper mit Behinderungen erweitert. Die Xbox hat einen Controller entwickelt, der für Spieler:innen mit eingeschränkter Mobilität geeignet ist. Nike hat eine »Pro Hijab«-Linie herausgebracht, die speziell auf die Bedürfnisse von Kopftuch tragenden Athletinnen abgestimmt ist. Lego produziert Braille-Steine, die sehbeeinträchtigten Kindern das Spielen erleichtern. Tommy Hilfigers Linie »Tommy Adaptive« benutzt Dinge wie magnetische Verschlüsse und anpassbare, abnehmbare Halsausschnitte, um Menschen mit Beeinträchtigung beim An- und Ausziehen zu unterstützen. Pantenes Serie »Pantene Gold« ist speziell auf die Bedürfnisse der Haare von Schwarzen Frauen abgestimmt.

Wir sehen an all diesen Beispielen, dass Diversität langsam, aber sicher Einzug in die Unternehmen findet. Doch dies ist keine noble Geste der Unternehmen, sondern schlichtweg erfolgsentscheidend. Die breite Zielgruppe hat auch breite Bedürfnisse, die man berücksichtigen muss, um bestehen zu können und erfolgreich zu sein. Unabhängig von Moral und Werten sehen wir einen Dominoeffekt: Diversität der Mitarbeitenden bedeutet Diversität in der Produktentwicklung und -vermarktung, bedeutet Diversität der Kund:innen. Und da die Kaufkraft nun mal nicht mehr bei lediglich einer gesellschaftlichen Gruppe liegt, muss ein Umdenken stattfinden. Repräsentation diverser Menschen in Unternehmen sichert deren Zukunft – fehlende Repräsentation zerstört sie.

WAS PASSIEREN MUSS

VERLETZLICHKEIT, MUT UND VISION – LEADERSHIP VON MORGEN

Eine von toxischer Männlichkeit geprägte Leadership-Kultur kann Unternehmen nicht in die Zukunft bringen, so viel ist klar. Es drängt sich also die Frage auf: Wie macht man es richtig? Erfolgreiche Unternehmen brauchen Führungskräfte, die integrativ, kooperativ und einfühlsam sind. Mitarbeitende wollen für Menschen arbeiten, die ein positives Arbeitsumfeld schaffen, die Wachstum und Entwicklung fördern, die psychologische Sicherheit bieten. Das Leadership von morgen muss sich daher auf diese veränderten Erwartungen einstellen, um die besten und diversesten Talente anzuziehen und zu halten.

Das Gegenteil von autoritärer, toxischer Führung ist Führung, die psychologische Sicherheit gibt. Eine solche Kultur ist davon geprägt, dass man sich ausdrücken und entfalten kann, ohne negative Folgen für die eigene Reputation, den Status oder die Karriere befürchten zu müssen. Sie fördert eine Kultur des Vertrauens, der Zusammenarbeit und der Innovation.

Gibt man Mitarbeitenden ein Umfeld, das ihnen psychologische Sicherheit vermittelt, sind diese mit wesentlich höherer Wahrscheinlichkeit bereit, offene Kommunikation zu leben und ihre Gedanken und Ideen mit ihren Kolleg:innen zu teilen, was zu besserer Entscheidungsfindung, Problemlösung und Innovationskraft führt – und letztendlich zu besseren Produkten. Eine solche psychologische Sicherheit ist dementsprechend nicht nur für die Mitarbeitenden schön, sondern bringt auch weitere wesentliche Vorteile mit sich. Mitarbeitende, die sich sicher fühlen, gehen viel bereitwilliger Risiken ein, da sie sich einer gesundem Fehlerkultur sicher sind. Und letztendlich werden Innovationen nur dann hervorgebracht, wenn Risiken eingegangen werden – in der Wohlfühlzone passiert selten etwas Spannendes. Die so notwendigen kreativen Ideen werden nur dann entstehen und letztendlich auch geäußert werden, wenn mit gutem Gefühl auch mal ein Fehler gemacht werden darf.

Brené Brown, eine bekannte Autorin und Forscherin, plädiert für Verletzlichkeit in der Führung. Sie argumentiert, dass Führungskräfte, die sich verletzlich zeigen, stärkere Beziehungen zu ihren Mitarbeitenden aufbauen, eine Kultur der Innovation und Kreativität fördern, und eine engagiertere Belegschaft schaffen. Verletzlichkeit ist eine wesentliche Voraussetzung für den Vertrauensaufbau im Allgemeinen, und dies gilt auch für die Beziehungen zwischen Führungskraft und Mitarbeitenden. Wenn Führungskräfte sich verletzlich zeigen, öffnen sie ihre menschliche Seite und präsentieren sich als nahbar und empathisch. Dies führt dazu, dass sich die Mitarbeitenden wohler dabei fühlen, ihre eigenen Schwächen mitzuteilen, was zu bedeutungsvolleren und authentischeren Beziehungen führen kann, sowie zu einer von psychologischer Sicherheit geprägten Arbeitsatmosphäre.

Ein weiterer ausschlaggebender Unterschied zwischen der Führungskultur von gestern und der von morgen ist die Bühne. Genauer gesagt, das Betreten dieser. Lange Zeit war es Usus, dass die Mitarbeitenden im Hintergrund arbeiteten, während die Führungskraft die Ergebnisse präsentierte und das Lob erhielt. Dieses Lob wurde dann weitergetragen, doch die Bühne gehörte stets der Führungskraft. Dieses Verhalten sehen wir heute auch noch, und leider nicht zu selten. Es wird eine E-Mail versendet, in der man sich bei allen Beteiligten bedankt, doch den Moment im Rampenlicht lässt man sich nicht nehmen.

In der Arbeitswelt der Zukunft funktioniert das nicht mehr. Wir sehen immer mehr Führungskräfte, die ihre Mitarbeitenden fördern und sich bewusst mehr in die Rolle der Unterstützer:innen begeben. Den Rücken freihalten, Feedback geben, den Weg bereiten – all das wird immer relevanter. Führungskräfte von morgen sind nicht mehr das Gesicht der Projekte und Themen, sondern viel mehr die Förderer im Hintergrund. Führungskräfte der Zukunft verfolgen weniger die eigenen Interessen, als dass sie sich als Mentor:innen verstehen. Erfolgreich sind sie dann, wenn die Mitarbeitenden unter ihnen wachsen und sich entwickeln, nicht wenn sie Lob von oben für die Arbeit aus dem Team bekommen.

Doch nicht nur in der Definition der Rolle, sondern auch in den Kernaufgaben sehen wir relevante Änderungen und Weiterentwicklungen. Der technologische und gesellschaftliche Fortschritt hat den Arbeitsplatz und die Weise, wie wir arbeiten, verändert, und wird es immer weiter tun. Führungskräfte müssen die Technologie zur Verbesserung von Effizienz, Produktivität und Kommunikation nutzen können.

Im Zeitalter der Digitalisierung und Automatisierung sind die Anforderungen an Mitarbeitende und Führungskräfte drastisch anders. Wie ein Damoklesschwert scheint die Angst über einigen zu hängen, dass ein Roboter ihren Job wegnehmen könnte. Doch das digitale Zeitalter steht nicht für Gefahr, Massenarbeitslosigkeit und Isolation, sondern besonders auch für nie dagewesene Chancen: Richtig eingesetzt profitieren wir als Gesellschaft und speziell als Arbeitende von den neuen technologischen Entwicklungen.

Die nötigen digitalen Fähigkeiten der Führungskräfte sind daher inzwischen elementar. Um Teams effektiv und zukunftsfähig zu führen, wird von Führungskräften ein nicht geringes Maß an genau diesen digitalen Fähigkeiten erwartet. Kommunikation, Prozesse, Analysen – all das und noch weit mehr bedarf eines professionellen Umgangs mit neuen Technologien. Besonders im Kommunikationsbereich profitieren Unternehmen von einer schnellen, einfachen und zielgerichteteren Möglichkeit, Nachrichten effektiv zu gestalten. Sei es durch diverse digitale Kanäle oder auch einen veränderten Kommunikationsstil: Die Schnelllebigkeit der Wirtschaftsentwicklungen zeigt sich hier deutlich.

Zu dieser digitalen Kommunikation gehört die Gabe, wertschätzend und respektvoll, aber dennoch auf den Punkt zu kommunizieren. Besonders im digitalen Zeitalter ist es verlockend, in einen mechanischen Kommunikationsstil zu rutschen. Wenn Aufgaben an das Team nur noch von der Führungskraft kommentarlos weitergeleitet werden, verliert man schnell die Verbindung zu den Mitarbeitenden. Und so verlockend es auch sein mag, E-Mails kommentarlos oder mit einer oberflächlichen Floskel weiterzuleiten, so sehr leidet die Wertschätzung, die man vermittelt und letztendlich auch vom Team erfährt. Die neue Kommunikation ist also kein Freifahrtschein für unpersönliche Nachrichten, sondern bietet nie dagewesene Möglichkeiten, neue Kanäle und Methoden zu nutzen, um Menschen abzuholen.

Auch das Bauchgefühl, das von einigen Manager:innen immer wieder gerne zitiert wurde, kann in Zukunft nicht mehr als Basis für Entscheidungen herangezogen werden. Von Führungskräften von morgen wird erwartet, dass sie datenbasierte und evaluierte Entscheidungen treffen. Nur weil mir selbst etwas nicht gefällt, wird nicht das gesamte Team eine andere Richtung einschlagen: Interessengruppen werden befragt, Entscheidungsprozesse transparent gestaltet und Marktbedingungen einbezogen. Die Termine, in denen das gesamte Team versucht, den Manager zufriedenzustellen und nur seine Meinung das einzig relevante ist, gehören der Vergangenheit an. Das ist auch gut so.

Die eigene Meinung als weniger wichtig anzunehmen, wird eine große Herausforderung für Führungskräfte, die in der Vergangenheit immer ihren Kopf und ihre Vorstellungen durchgesetzt haben. Es wird ebenso wichtig sein, wenn nötig, einen neuen Kurs einzuschlagen, wie, sich agil an äußere Veränderungen anzupassen. Wir leben in einer Welt, in der täglich neue Innovationen Raum einnehmen; was heute noch unvorstellbar ist, kann morgen schon Realität sein. Produkte und Dienstleistungen entwickeln sich in einem rasanten Tempo und mit einer gesunden, fordernden Innovationskultur können Unternehmen hier mitspielen. Mit den technologischen Veränderungen haben sich auch die Erwartungen an Führungskräfte verändert: von Anführer:innen hin zu datenbasierten Innovationstreiber:innen, Kommunikator:innen und Mentor:innen.

Eine weitere gesellschaftliche Veränderung wird auch in der Wirtschaft immer relevanter: Inzwischen hat der Großteil verstanden, dass Feminismus und Gleichberechtigung Hand in Hand gehen, und dass es nicht etwa um eine Schlechterstellung von Männern geht, sondern um eine gesellschaftliche und politische Bewegung, von der letztendlich fast alle profitieren. Ich denke, dass die Führungskraft der Zukunft feministisch sein wird. Frei nach dem Motto: »Wenn du kein Teil des Problems bist, sei ein Teil der Lösung.« Wir werden immer mehr Gallionsfiguren sehen, die für eine gleichberechtigte und faire Arbeitswelt einstehen. Neben der Förderung aller Mitarbeitenden und der Bekämpfung von Boys' Clubs sehe ich, gerade in Kombination mit der immer weiter fortschreitenden Digitalisierung, auch eine Rolle, die sich drastisch verändern wird: die der Assistent:innen.

Ich hatte die Ehre, mit einigen Assisten:innen zu arbeiten, die mich beeindruckt und geprägt haben. Doch es wird auch deutlich, dass der Beruf massiv von der Vorstellung und Erwartungshaltung der jeweiligen Führungskraft geprägt ist. Während viele Assistent:innen massiven Mehrwert für ein Unternehmen schaffen und die Fäden dort zusammenhalten, wo es kaum möglich zu sein scheint, gibt es auch solche, die abstruse Anweisungen der Führungskraft ausführen. Einige Assisten:innen sind gefühlt nur dafür da, das Ego ihrer toxischen Führungskraft zu streicheln.

Wer niemanden hat, der Kaffee an den Tisch bringt, unterwürfig ist und Befehle befolgt, wird im toxischen Umfeld von den anderen Führungskräften weniger respektiert. Assistent:innen sind hier keine Mitarbeitenden auf Augenhöhe, deren Meinung man schätzt, sondern eine Figur, mithilfe deren man die eigene Wichtigkeit beweist. Mitarbeitende wollen wertschöpfend arbeiten, statt Marionetten zu sein, die Botengänge absolvieren und abstruse Wünsche erfüllen. Sei es die Führungskraft, die ihre Gummibärchen farblich sortiert haben will, der Manager, der täglich einen Kaffee auf dem Tisch haben möchte, der genau zweimal umgerührt wurde, oder die Chefin, die prinzipiell in jedem Termin mindestens einmal die Assistentin darum bittet, Wasser zu bringen, um ihren Gesprächspartner:innen zu demonstrieren, dass sie bedient wird. Diese und viele weitere Beispiele habe ich teilweise persönlich erlebt und beobachtet, oder sie wurden mir im Rahmen der Recherche erzählt. Sie zeigen eindrucksvoll, wie die Rolle der Assistent:innen von toxischen Führungskräften häufig zur Machtdemonstration missbraucht wird.

Doch mit feministischen Entwicklungen oder auch der Digitalisierung wird das unmöglich werden. Die Hahnenkämpfe darum, wer die meisten Mitarbeitenden hat, die sich um das eigene Wohl kümmern, und wer den besten Kaffee hingestellt bekommt, gehören damit hoffentlich bald der Vergangenheit an.

Einerseits trägt die Entwicklung in der Gesellschaft dazu bei, dass das Klischeebild der hübschen, weiblichen, unterwürfigen Assistentin bald hoffentlich ad acta gelegt wird, da nicht mehr per se Männer die Führungskräfte und Frauen die Assistentinnen sind, sondern im Idealfall Funktionen paritätisch besetzt werden. Andererseits wird es nicht mehr salonfähig sein, eine Person zu haben, die man für Aufgaben einsetzt, die nur dem eigenen Ego dienen. Mit künstlicher Intelligenz werden rein administrative und repetitive Tätigkeiten bald der Vergangenheit angehören, und den Kaffee holt man sich entweder selbst, oder es erledigt ein Roboter. 😉

Künstliche Intelligenz kann heute schon Aufgaben wie Reiseplanung oder die Vergabe von Büroplätzen oft besser erledigen als ein Mensch, und so kann man sich ausmalen, welche Tätigkeiten bald automatisiert werden können. Dies bedeutet, dass die Existenz von Assisten:innen in Zukunft nichts mehr damit zu tun haben wird, die ungeliebten Aufgaben abzugeben und sich mit jemandem Untergebenen zu umgeben. Bitte mich hier nicht falsch verstehen: Ich denke nicht, dass ein Großteil der Assistent:innen so ist, nur dass das oft die Erwartungshaltung und das Idealbild ist, das in vielen Führungsebenen noch herrscht – sondern es wird etabliert sein, dass Assistent:innen die rechte Hand sind: Die Person denkt mit, äußert die eigene Meinung und Wahrnehmung, wird entsprechend ihres vollen Potenzials eingesetzt. Und der toxische Mann, der so gerne zeigt, wie viele Frauen springen, wenn er einen Espresso möchte, wird diese Befriedigung nicht mehr bekommen.

Doch nicht nur die Digitalisierung wird viele Veränderungen mit sich bringen. Die letzten Jahre waren geprägt von bedeutenden Veränderungen und Herausforderungen, darunter die COVID-19-Pandemie, soziale und politische Unruhen oder wirtschaftliche Unsicherheit. Diese Ereignisse haben die Bedeutung einer effektiven Führung hervorgehoben und uns einige wichtige Lektionen über Führung gelehrt. Die Pandemie hat beispielsweise verdeutlicht, wie wichtig Flexibilität in der Personalführung ist. Führungskräfte, die sich schnell an veränderte Umstände anpassen und neue Arbeitsweisen finden konnten, waren den Herausforderungen der Pandemie besser gewachsen und führten ihre Mitarbeitenden sicherer und effektiver.

Während vor der Pandemie der Großteil der Mitarbeitenden regelmäßig ins Büro kam und so unter anderem soziale Interaktionen gesichert waren, brachte die Pandemie für einen nicht zu vernachlässigenden Teil der Mitarbeitenden eine Isolation mit sich. Die Bedeutung von Einfühlungsvermögen in der Führung wurde deutlicher denn je: Führungskräfte, die in der Lage waren, die emotionalen Bedürfnisse ihrer Mitarbeitenden zu verstehen und auf sie einzugehen, waren erfolgreicher darin, ihre Teams engagiert und motiviert zu halten. Virtuelle Führung brachte Herausforderungen mit sich, mit denen wenige der Führungskräfte bisher konfrontiert waren, und so wurden soziale Kompetenzen schnell unabdingbar.

Sind Mitarbeitende nicht physisch an ein Unternehmen gebunden, sondern können plötzlich theoretisch für jedes Unternehmen arbeiten, das ihnen Flexibilität bezüglich Arbeitsort gewährleistet, wird die Unternehmenskultur plötzlich so relevant wie nie. Der Obstkorb, die teure Kaffeemaschine und das nette Mittagessen fallen als Faktoren weg. Öffnen sich zudem neue Türen zu neuen Arbeitgebern dank der Möglichkeit des Homeoffice, ist es auch nicht mehr der kurze Fahrtweg, der Mitarbeitende beim aktuellen Arbeitgeber hält. Die Bedeutung einer gesunden und fördernden Arbeitskultur, die Beziehung zur Führungskraft sind nun elementar. Wer mit Kompetenzen von gestern führt, wird in der neuen Welt keine Mitarbeitenden mehr halten können – zumindest nicht die, die es zu halten gilt.

Wir sehen in der Arbeitswelt ganze Generationen von Menschen, die sowohl mit Möglichkeiten als auch mit Problemen konfrontiert sind, die ihnen kein Studium lehren konnte. Die »Pandemie der Einsamkeit«, so wurde sie oft zitiert. Während durch den (fast) täglichen Gang ins Büro ein Mindestmaß an sozialer Interaktion gewährleistet worden war, muss man sich im Homeoffice aktiv darum bemühen. Und wer hat es tatsächlich über die gesamte Zeit der Pandemie geschafft, regelmäßig virtuelle Kaffeemeetings zu halten und sich einfach mal auszutauschen? Zu Beginn war das noch üblich, denn alles war neu, jede:r machte Platz im Kalender, um zum Feierabend mit den Kolleg:innen zu reden oder die Mittagspause gemeinsam in einem Videocall zu verbringen. Doch schon bald wurden diese Termine abgesagt und immer seltener. Gleichzeitig nahm, vermutlich durch die generelle Isolation bestärkt, die Anzahl an psychischen Erkrankungen zu: Depressionen, Angstzustände und stressbedingte Erkrankungen verbreiteten sich, und es war als Führungskraft eben nicht mehr so leicht, die ersten Anzeichen zu erkennen.

Die Führungskräfte der Zukunft müssen also nicht nur Unterstützung bieten und Ressourcen für psychische Gesundheit oder flexible Arbeitsbedingungen bereitstellen, sondern auch feinfühliger sein. Wer keinen Wert darauf legt, die Mitarbeitenden zumindest per Videocall zu sehen, und wer nicht aktiv und ernsthaft nach ihrem Befinden fragt, wird wahrscheinlich verpassen, wenn jemand Gefahr läuft, in eine solche Erkrankung zu rutschen.

Mir ist natürlich bewusst, dass einerseits nicht jede Erkrankung durch eine solche Isolation bedingt ist, und dass andererseits auch eine Führungskraft nicht die Macht hat, solche Erkrankungen zu verhindern. Dennoch sehe ich es als Aufgabe der Führungskräfte an, aufmerksam zu sein und als Mentor:innen für das Team auch das Thema psychische Gesundheit auf dem Schirm zu haben, um erste Anzeichen zu erkennen.

Eine ehemalige Kollegin aus dem Gesundheitsbereich eines Unternehmens, mit der ich über die Herausforderungen von virtueller, globaler Führung in Zeiten der Pandemie sprach, gab mir einen unheimlich wertvollen Rat, den ich hier gerne weitergeben möchte: Neben den individuellen Gesprächen, die wichtig und notwendig sind, erzählte sie mir von einer kleinen Umfrage, die ich von ihr übernahm und die mir sehr geholfen hat. In dieser anonymen Umfrage stellte sie ihrem Team regelmäßig – alle zwei bis vier Wochen – zwei Fragen:

1. Wie viel Spaß macht dir dein Job gerade?
2. Wie ist dein aktuelles Stresslevel?

Beide Fragen wurden mit einer Skala von eins bis zehn beantwortet, die Antwort dauert also nur wenige Sekunden. Die Ergebnisse dieser regelmäßigen Umfragen geben eine gute Übersicht darüber, ob man in den individuellen Gesprächen besonders auf Themen wie Stress eingehen sollte. Denn auch wenn man nicht zurückverfolgen kann, wer welche Rückmeldung gegeben hat, so kann man dennoch im persönlichen Gespräch ein gutes Gespür dafür bekommen, wo unterstützt und entlastet werden muss. Natürlich erwartet man hier keine perfekten Werte, aber wenn Stress und Zufriedenheit zu weit auseinandergehen, oder wenn über mehrere Wochen einer der Werte beängstigend hoch oder niedrig ist, weiß man, dass man als Führungskraft besonders gefragt ist.

Doch wie gesagt: Die neue Arbeitswelt bringt nicht nur Bedrohungen, sondern auch viele Chancen und Möglichkeiten mit sich. Durch flexiblere Arbeitsmodelle in Bezug auf Zeit und Ort profitieren Themen wie der ökologische Fußabdruck, man gewinnt Lebenszeit durch das Wegfallen von Arbeitswegen, und einige meiner Gesprächspartner:innen berichteten davon, dass sie plötzlich mehr Zeit und Energie für ihre individuelle Entwicklung hatten. Diese wird immer wichtiger, denn in einer so schnelllebigen Welt ist es utopisch, zu denken, dass man mit dem Wissen aus dem Studium bis zur Rente kommt. Die individuellen Stärken und Schwächen sind so relevant wie nie.

Es kann davon ausgegangen werden, dass wir die Berufe noch gar nicht kennen, in denen die nachfolgenden Generationen arbeiten werden. Anzunehmen, dass sie alles, was sie dafür benötigen, von Professoren beigebracht bekommen, die ihre Erfahrungen und Fähigkeiten aus der Vergangenheit weitergeben, ist ebenso utopisch. Und somit verändert sich auch wieder die Rolle der Führungskräfte. Es ist so relevant wie nie, als Coach und Mentor:in zu agieren und Mitarbeitenden bei ihrem individuellen Weg zu helfen. Wer daran glaubt, dass es Verrat sei, wenn sich jemand weiterentwickelt und das Team oder Unternehmen verlässt, wird in Zukunft nicht bestehen können. Stattdessen braucht es Verständnis für die verschiedenen Karrierewege und -entscheidungen. Bis zum Rentenalter in einem Unternehmen zu bleiben und die »klassische« Karriere zu wollen, inklusive Führungsrolle und Visibilität im oberen Management, ist genauso legitim wie nach einem gewissen Zeitraum weiterziehen zu wollen oder eine Karriere anzustreben, die nicht dem klassischen Idealbild entspricht.

Konkret heißt das: Wer als Führungskraft davon ausgeht, dass jede:r die gleiche Karriere möchte wie man selbst, wird erfolglos sein. Menschen in vorgefertigte Formen zu pressen und ihnen vorzuschreiben, wie sie sich entwickeln müssen, um das eigene Idealbild einer Karriere erreichen zu können, ist veraltet. Eine Fachkarriere ist nicht weniger anspruchs- oder wertvoll als eine Führungskarriere, und ob man überhaupt eine steile Karriere anstrebt oder seinen Fokus auf anderen Themen hat und keine großen beruflichen Ambitionen mitbringt, ist eben immer noch eine individuelle Entscheidung.

Mir begegnete eine weit verbreitete Annahme im Rahmen meiner Recherche häufig: dass Führungskarriere eine logische Konsequenz ist, wenn man lange genug in einem Unternehmen gearbeitet hat. Konkret geht es um die Vorstellung davon, wann Führung beginnt und wie sie definiert wird – besonders in Zukunft. Eine meiner Unterhaltungen ist mir hier speziell im Gedächtnis geblieben: Lenny ist seit vielen Jahren in einem Unternehmen tätig, hat dort stets alle Erwartungen erfüllt, aber nun sitzt er und wartet darauf, dass er endlich eine Führungskraft wird. Das sei der nächste logische Karriereschritt, teilte er mir mit, und er sei nun auch sicher bald an der Reihe. Er fragte mich, wie ich es zur Führungskraft geschafft hatte und ob er etwas übersehen hätte, weil er nun schon länger wartete, als er ursprünglich gedacht hatte. Im weiteren Gespräch erfuhr ich mehr über seine Intentionen und Gründe, warum er diesen Karriereweg einschlagen wollte. In Lennys Kopf war die Führungsposition klassisch mit Macht verbunden, wie ein Ritterschlag mit Ehre und Wertschätzung. Wenn er also lange genug seinen Job gut machte, wäre das die logische Konsequenz und stände ihm zu. Richtig?

Falsch. Und genau dieses Beispiel ist so eindrücklich. Solange das Bild verbreitet ist, dass der Beruf Führungskraft eine Auszeichnung und mit guter fachlicher Leistung gleichzusetzen ist, werden auch weiterhin oft die falschen Menschen diesen Karriereweg für sich anstreben. Die Arbeit als Führungskraft ist nicht mehr und weniger wert als die als Expert:in in einem Gebiet – es ist einfach ein anderer Job. Und wenn wir uns davon freimachen, dass man nur als Führungskraft gutes Geld verdienen könne und Ansehen bekomme, werden sicherlich weniger Menschen diesen Weg einschlagen, die sich monetär oder gesellschaftlich dazu gezwungen fühlen, aber keine Leidenschaft dafür mitbringen.

Die Rolle der Führungskraft ist eben nicht der logische nächste Schritt, sondern einfach ein Karriereweg. In Zukunft sehen wir hoffentlich mehr Menschen, die ihre Passion darin gefunden haben, gut funktionierende und leistungsfähige Teams zu bilden, indem sie die Mitarbeitenden fördern, fordern und entwickeln. Sie sind auch Fachexpert:innen. Nur eben nicht für ein Businessthema, sondern für Menschenführung. Und diese Leidenschaft und Begabung kommt und geht nicht mit einem Titel.

Führungskräfte werden nicht erst zu Führungskräften, wenn ihnen Menschen disziplinarisch unterstellt werden. Die formelle Ernennung hat keinen

Einfluss auf die Kompetenzen, sondern ist vielmehr eine logische Konsequenz. Und um es an Lennys Beispiel zu zeigen: Er hätte sicherlich an diversen Punkten seiner Karriere schon Verantwortung als Mentor übernehmen können. Ob die Menschen nun an einen berichten oder nicht – Führungskompetenzen zeigen sich unabhängig vom Titel und der Berichtslinie. Und hätte Lenny während seiner beruflichen Laufbahn bis zu unserem Gespräch bereits als Mentor agiert – für Kolleg:innen, Student:innen oder innerhalb eines beliebigen Rahmens –, wäre der Weg in eine offizielle Führungsrolle sicherlich leichter gewesen.

Schauen wir uns diverse Fachlektüren an, ist fraglich, ob es die klassischen Führungskräfte in Zukunft überhaupt noch geben wird. Was jedoch auch klar ist: Es wird immer Menschen geben, die als Mentor:innen und Coaches agieren, die Struktur und Vision geben, und die andere auf ihren Reisen begleiten und sie fördern. Dabei werden soziale Kompetenzen und Empathie eine immer größere Rolle spielen. Beziehungskompetenzen sind elementar dafür, und die Zeiten, in denen man an die Personalabteilung verweist, wenn es um die Weiterentwicklung eines Mitarbeitenden geht, sind vorbei. Sicher, die Kolleg:innen in der Personalabteilung können die Instrumente zur Verfügung stellen. Doch um die Aufgabe, das Team zu fördern und weiterzuentwickeln, wird in Zukunft keine Führungskraft mehr herumkommen. Und das sollte auch niemand wollen.

Im Umkehrschluss heißt das, dass eine Karriere als Führungskraft genau wie andere Rollen auch harte Kriterien braucht, statt der logisch nächste Schritt auf der Karriereleiter zu sein. Führungskräfte müssen genauer ausgewählt und gleichzeitig besser auf ihre Rollen vorbereitet werden. Zu oft sieht man noch Personen, die in die Führungsrolle geworfen werden und sich dann zurechtfinden müssen.

Zusammenfassend kann man also sagen, dass Führungskräfte in der Zukunft eine andere, aber nicht weniger wichtige Aufgabe innehaben, und dass mit den Veränderungen der Welt auch drastische Veränderungen in Bezug auf die Ansprüche an die Menschen, die Menschen und Teams führen, einhergehen. Wenn wir diese Chance nutzen und auf Kompetenzen wie Empathie, Visionen und Weiterentwicklung bauen, können wir eine gesündere und bessere Arbeitswelt erschaffen.

DER RICHTIGE WEG: EIN EXKURS

Wenn wir uns anschauen, mit welchen Themen wir in der Arbeitswelt tagtäglich zu kämpfen haben, wird klar, dass ein weiter und steiniger Weg noch vor uns liegt. Dennoch dürfen wir nicht vergessen, dass der Weg das Ziel ist, und es schon einige Fortschritte gibt, die zeigen, dass wir uns in die richtige Richtung bewegen.

Ein Exkurs: Was hat sich in den letzten Jahren zum Positiven verändert und wo sehen wir Erfolgsgeschichten?

Fangen wir in Skandinavien an. Die skandinavischen Länder sind im Vergleich zu ihren Nachbarländern progressiv und leben Gleichberechtigung weit ausgeprägter. [20] Parteien werden von Frauen geführt, das Sozialsystem ermöglicht es auch alleinerziehenden Müttern, ihren Kindern eine gute Schulbildung zu gewährleisten, und der Gender Pay Gap ist hier so gering wie sonst nirgends auf der Welt. Besonders Schweden führt bei der Umsetzung von Gleichberechtigungsmodellen mit circa 50 Prozent der Väter, die Elternzeit in Anspruch nehmen, und staatlichen Kampagnen zur Förderung dessen.

Ein Nebeneffekt der fortgeschrittenen Gleichberechtigung zeigt sich laut Soziolog:innen auch an den Stimmlagen von Frauen: Während sich generell die Stimmen der Frauen in den vergangenen Jahrzehnten um etwa eine Terz gesenkt haben, haben besonders die Norwegerinnen eine vergleichsweise tiefere Stimme. Hohe, piepsige Stimmen sind nicht mehr vereinbar mit dem Bild einer emanzipierten, eigenständigen Frau. Und so gibt es diverse Studien zu dem Thema, zum Beispiel wies der kanadische Psychologe David Feinberg nach, dass tiefere Stimmen unter anderem dominanter, attraktiver, kompetenter und vertrauenswürdiger wirkten, und so einen klaren Vorteil in Situationen wie der Wahl von Politiker:innen haben. Das Bedürfnis, niedlich und süß zu erscheinen, sinkt, und so tun es die Stimmlagen der Frauen auch.

Auch in anderen Ländern wie Kanada sehen wir konkrete Bemühungen, Gleichberechtigung herzustellen. Mit der »Man up«-Kampagne zum Beispiel werden Männer ermutigt, schädliche Stereotypen zu hinterfragen, und es gibt vermehrt Maßnahmen zur Unterstützung von Opfern geschlechterspezifischer Gewalt. Generell sehen wir einige Länder, darunter beispielsweise auch

Island oder Argentinien, die mit Kampagnen toxische Männlichkeitsbilder ins Schwanken bringen und sich Themen wie dem Gender Pay Gap widmen.

Wenn wir die Corona-Krise näher beleuchten, beobachten wir vor allem, dass empathische Führungsfiguren ihre Länder sicherer durch die Pandemie gebracht haben. So sehen wir in Ländern wie Neuseeland vergleichsweise niedrige Fall- und Todeszahlen, wo die weibliche Premierministerin Ardern schnell und konsequent auf die Vorkommnisse reagierte. In Taiwan, wo die weibliche Präsidentin Ing-wen das Sagen hatte, gab es frühzeitig wirksame Maßnahmen wie Grenzkontrollen und Rückverfolgung von Kontakten. Finnlands ehemalige Ministerpräsidentin Sanna Marin, die in den Sozialen Medien für ein Video verurteilt wurde, in dem sie mit Freund:innen tanzte, glänzte ebenfalls mit frühzeitigen und entschlossenen Maßnahmen, die zu einer vergleichsweisen geringen Infektionszahl in Finnland führten. Und auch Deutschland gehört zu den Ländern, in denen vergleichsweise schnell und wirksam reagiert wurde – auch wenn Angela Merkel einige Kritik einstecken musste, zeigte sich die Wirksamkeit der Maßnahmen in Zahlen.

Wenn wir politisch auf die Errungenschaften schauen, wird einem anders zu Mute. Heute können wir uns kaum noch vorstellen, dass bis zum Jahre 1997 Vergewaltigungen in der Ehe straffrei waren und erst 2004 ein Offizialdelikt wurden, was bedeutet, dass die Straftat aktiv verfolgt wird. Erst seit 1977 sind Frauen nicht mehr gesetzlich innerhalb einer Ehe zur Haushaltsführung verpflichtet. Und gerade mal ein Jahr vorher, 1976, wurde es möglich, den Nachnamen der Frau als gemeinsamen Ehenamen zu wählen. Konnte man sich nicht auf einen Namen einigen, wurde es jedoch bis 1991 automatisch der des Mannes. Und erst seit 1970 ist Frauenfußball seitens des Deutschen Fußballbundes nicht mehr verboten. Diese Zahlen und Fakten sind erschreckend. Genauso unvorstellbar scheint es heute, dass 1958 erst die Gleichberechtigung zwischen Männern und Frauen anerkannt wurde. Vorher galt unter anderem der Gehorsamsparagraf.

Auch wenn es manchmal so scheint, als ständen wir noch am Anfang: Wir haben schon viel erreicht. Dass unsere Großmütter für Punkte kämpfen mussten, die für uns heute Standard sind, zeigt, dass wir die Macht haben, Änderungen herbeizuführen. Und wenn es einmal wieder so scheint, als würden nur winzig kleine Schritte gemacht werden, helfen diese und viele andere Beispiele vielleicht dabei, sich bewusst zu machen, was alles möglich ist.

KEINE GEWINNER IM PATRIARCHAT

Die seit einigen Jahrhunderten etablierte Rollenverteilung und -definition ist tief verankert. Sehr, sehr tief. Unsere Sozialisierung hat uns als Gesellschaft dabei geholfen, Zeiten zu überstehen, in denen das reine Überleben Fokus war, und Kriegsüberlebende dazu befähigt, Unsagbares durchzustehen. Auch wenn wir noch weiter in der Zeit zurückgehen – auf die Emotionen des Säbelzahntigers zu achten, hätte wohl kaum jemanden gerettet.

Doch wenn wir im Heute ankommen, sehen wir klar: Dieses geschaffene System hat keinen Platz für Gewinner:innen. Es wird immer deutlicher, wie sehr auch Männer unter den Geschlechterstereotypen und dem gesellschaftlichen Druck leiden. Die vermeintlichen Gewinner:innen des Patriarchats lassen sich unter traurigen und schockierenden Statistiken zusammenfassen. Und wenn die Motive wegfallen, die uns dazu gebracht haben, Resilienz, Kampfbereitschaft und Härte als wichtigste und notwendigste Eigenschaften zu leben, ist da plötzlich ein Loch, das es zu füllen gilt: Was ist meine Aufgabe? Wann bin ich genug? Worauf basieren Selbstwert und Selbstbewusstsein?

Heute muss kein Mann mehr eine Frau vor dem Angriff eines Säbelzahntigers beschützen. Der größte natürliche Feind der Frau, die in der Vorstellung der Männer beschützt werden muss, ist heute ein ganz anderer: Übergriffe, Bedrohungen und auch Morde werden nicht von wilden Tieren begangen, sondern von Männern. Pro Jahr zählen wir teilweise weit über 100 Femizide in Deutschland, und die Dunkelziffer wird weit höher geschätzt. Alle vier Minuten erlebt eine Frau in Deutschland häusliche Gewalt.[21] Und diese traurigen Statistiken zeigen, dass wir nicht noch weitere harte, brutale und gefühlskalte Männer brauchen, sondern empathische, respektvolle, einfühlsame, selbstsichere und warmherzige Männer, die mit uns gemeinsam das toxische Männlichkeitsbild ein für alle mal verbannen. Niemand braucht mehr Boys' Clubs, Bro Codes und Alphatierchen. Wir brauchen eine Gesellschaft, in der man niemanden vor den anderen beschützen muss.

Zu Beginn meiner Recherche für dieses Buch ahnte ich nicht, welches Ausmaß sie annehmen würde. Meine traurigste Erkenntnis: Ich habe nicht eine einzige Person getroffen, die keine eigenen Geschichten zu dem Thema hat. Die Auswirkungen toxischer Männlichkeit auf die Menschen sind unübersehbar. Und so zu tun, als gäbe es kein Problem, bringt niemanden weiter und löst nichts. Wir müssen unsere Stimmen finden und darüber reden, wenn wir Auswirkungen von veralteten, schädlichen Rollenbildern sehen – ob bei anderen oder bei uns selbst.

Wirtschaftlich wird klar, dass Unternehmen es sich nicht mehr leisten können, von Boys' Clubs regiert zu werden und auf die Innovationskraft von diversen Gesellschaftsgruppen zu verzichten. Und was mir bewusster ist als je zuvor: Es geht nicht um einen Geschlechterkampf. Es geht nicht um Männer gegen Frauen. Es geht vielmehr um gesund gegen toxisch. Der Anteil der Männer, die voller Überzeugung das toxische Bild ausleben, ist gering, nur leider sehr sichtbar. So viele Männer leiden nicht nur persönlich unter dieser Sozialisierung, sondern gehen auch aktiv dagegen an. Und das ist aus meiner Sicht der einzig richtige Weg.

Was mir zudem Hoffnung gibt: Schauen wir uns an, wo wir vor einigen Jahren noch waren, mag man es gar nicht glauben. Die Entwicklung, die wir als Gesellschaft hingelegt haben, ist beeindruckend. Und dass heute absurd scheint, was vor 50 Jahren noch Norm war, zeigt deutlich, was alles möglich ist. Die jüngeren Generationen schaffen ihre eigenen Idealvorstellungen, und je weniger diese Vorstellungen davon geprägt sind, wie ein Mann und eine Frau zu sein haben, welche Eigenschaften sie entwickeln müssen und was sie erreichen können, desto größer ist die Chance, dass wir uns in die Richtung gesunder Vorbilder und Persönlichkeitsentwicklung bewegen.

Doch das erfordert eine bewusste Entscheidung und Mut. Es ist einfach, das zu kopieren, was vorgelebt wird, dies bedarf keiner Reflexion oder besonderer Anstrengung. Zu hinterfragen, ob die vorgelebten Idealbilder noch das sind, was heute Mehrwert schaffen kann, erfordert Mut, Kraft und viel Anstrengung. Sich anzupassen und den schon geebneten Weg zu gehen, der erfolgversprechend scheint, sieht wie die leichtere und auf den ersten Blick vielleicht sogar bessere Wahl aus. Dass dieser Weg aber heute keine Berechtigung mehr haben sollte und wir dringend neue Idealbilder und Visionen brauchen, wird deutlich, wenn wir uns darauf einlassen, zu erkennen, wie viel Schaden dieser alte Weg angerichtet hat. Das können wir besser.

WAS WIR TUN KÖNNEN – EIN SCHLACHTPLAN

Was müssen wir tun, damit schädliche Idealbilder unsere Arbeitswelt nicht mehr beeinflussen und wir auf dem Weg sind, tatsächliche Chancengleichheit zu schaffen? Das habe ich versucht, in zehn Schritte zu zerlegen, die uns helfen können, es in Zukunft besser zu machen.

1. Schritt – Beobachten, sich austauschen und ein Bewusstsein bilden

Die meisten von uns waren sicherlich schon einmal in der Situation, dass sie nicht so recht wussten, ob das, was da gerade passiert, so in Ordnung ist. Man erkennt die Dynamik im Raum und in einer Situation, aber weiß nicht, ob das komische Bauchgefühl einen nun täuscht oder auf etwas nicht ganz Richtiges aufmerksam macht. Besonders wenn ansonsten niemand etwas sagt, nimmt man die eigenen Bedenken vielleicht nicht ernst.

Hier ist es wichtig, sich zunächst einmal nicht darauf zu fokussieren, das eigene Bauchgefühl zu hinterfragen, sondern aufmerksam zu beobachten: Was genau passiert da? Welche Handlung oder welcher Umstand gibt mir ein komisches Gefühl? Erkenne ich ein Schema, das ich wiedererkenne? Wer sind die Beteiligten, deren Verhalten mir auffällt? Gibt es einen Kontext, der zu der fragwürdigen Situation beigetragen hat?

Ein wichtiger Aspekt beim Beobachten ist, nicht nur die Betroffenen zu beobachten, sondern auch die anderen Personen im (gegebenenfalls metaphorischen) Raum. Wie reagieren die Menschen um mich herum auf die Situation? In der Regel kann man leicht erkennen, wer sich ansonsten noch unsicher ist, ob das was gerade passiert, richtig ist.

An diesem Punkt wird der Austausch relevant. Allein kommt man in der Regel schlechter gegen Ungerechtigkeiten und unangebrachte Handlungen oder Äußerungen an. Ich würde daher immer dazu raten, sich mit anderen auszutauschen, nicht nur um das eigene Gefühl damit zu validieren, sondern auch den anderen zu zeigen, dass sie mit ihren Beobachtungen nicht allein sind. Oft wird uns vermittelt, dass wir mit Problemen allein klarkommen müssen. Doch das trifft selten zu, und besonders in einer solchen Situation ist man wesentlich besser beraten, sich zusammenzutun. Die Wahrscheinlichkeit, dass andere Köpfe die gleichen Gedanken haben wie du, ist relativ hoch, aber wenn niemand etwas anspricht, wird auch nichts unternommen. Vom Austausch untereinander profitieren alle, und selbst wenn die anderen Menschen einem sagen, dass sie es anders wahrgenommen haben, bekommt man zumindest einen Realitätscheck für die eigene Wahrnehmung.

Dies ist wichtig für die Bewusstseinsbildung. Besonders wenn man noch nicht so viel Erfahrung hat oder selten Zeug:in solcher Themen wurde, hinterfragt man die eigenen Bauchgefühle manchmal nicht und tut sie ab. Doch das Bewusstsein, wo Grenzen gezogen werden sollten, was akzeptabel ist, was man aber nicht hinnehmen sollte, muss und darf, ist immens wichtig. Dieses Bewusstsein entwickelt man nur dann, wenn man anderen Menschen zuhört, deren Perspektiven aufgezeigt bekommt, die eigenen Werte und Vorstellungen beleuchtet, immer wieder hinterfragt, warum sich manches gut und manches komisch anfühlt. Wer also bewusst Situationen wahrnimmt, die eigene Perspektive mit anderen bespricht und das eigene Bewusstsein schärft, läuft weniger Gefahr, Ungerechtigkeiten abzutun und nicht ernst zu nehmen.

2. Schritt – Transparenz schaffen und Fehlverhalten melden

»Petze, Petze, ging in den Laden« – so beginnt ein bekannter Kinderreim. Wer in der Kindheit gepetzt hat, wurde geächtet. So wurden wir sozialisiert und fühlen dadurch manchmal eine widersprüchliche Verbundenheit mit Täter:innen. Als dürften wir niemandem erzählen, was gerade passiert ist. Dieses Phänomen ist mir oft im Rahmen meiner Recherchen begegnet. Immer wieder fragen sich Menschen, warum sie das eigentlich so mitmachten und unlauteres Verhalten hinnahmen. Ich kann das nachvollziehen, denn so ging es mir im Laufe der Jahre auch immer wieder. Im Rückblick kann man nur noch schwer nachvollziehen, wie man etwas akzeptiert hat, warum man Ausreden für Täter:innen erfand, um deren Verhalten in der eigenen Wahrnehmung zu legitimieren – er hat ja auch gute Seiten, sie hatte bestimmt Stress zu Hause … Je mehr Distanz man schafft, desto klarer wird, dass ein Verhalten inakzeptabel ist, doch in dem Moment selbst ist man wie manipuliert.

Wer sich immer wieder dabei erwischt, das Verhalten eines Menschen zu entschuldigen, sollte innehalten. Besonders in Unternehmen können wir keine gesunde und produktive Kultur schaffen, wenn wir uns scheuen, transparent Fehlverhalten einzugestehen und aufzuzeigen. Wenn jemand mal einen schlechten Tag hat und eine E-Mail etwas ruppiger ausfällt als an anderen Tagen, ist das sicherlich kein Grund, dies beim Management zu melden. Jedoch entsteht ein unangenehmes Bauchgefühl in Verbindung mit einer Person selten unbegründet. Man sollte sich klarmachen, dass man nicht in der Schuld eines Menschen steht, nur weil uns diese Person vielleicht eingestellt oder gefördert hat. Und nur, weil ich ein Verhalten verstehe, heißt das noch lange nicht, dass es richtig ist und ich es hinnehmen muss. Heißt im Berufsleben: nur, weil der Kollege einen Kunden verloren hat, muss ich mich nicht anschreien lassen. Auch wenn man den Frust nachvollziehen kann.

Wenn jemand nicht auf die Bitte reagiert, ein solches Verhalten zu unterlassen, kann die Konsequenz nicht sein »na ja, ich hab's versucht«. Wenn man selbst darunter leidet, ist die Chance groß, dass es auch andere betrifft. Man trägt also nicht nur die Verantwortung für sich, sondern auch für einen größeren Personenkreis und eben auch für die herrschende Kultur. Niemand ist allein verantwortlich, aber wenn man Fehlverhalten wahrnimmt, das sich negativ auf Team, Organisation, Projekt auswirkt, sollte man Transparenz schaffen.

Das ist natürlich leichter gesagt als getan. Ich habe besonders im Rahmen der Recherche zu diesem Buch viele Situationen geschildert bekommen, in denen der einfachste Weg unmöglich scheint: Die Person einfach darauf anzusprechen und um mehr Rücksicht zu bitten. Auch wenn das naheliegend und es toll wäre, wenn das jedes Mal die Lösung sein könnte – so leicht ist es dann doch nicht. Manche Menschen drohen anderen, manipulieren sie bewusst, setzen sie unter Druck und wirken unantastbar.

Den richtigen Kanal zu wählen, ist also elementar. Während je nach Unternehmen vielleicht jemand aus der Personalabteilung richtig sein kann, kann man oft solche Themen anonym melden. Und besonders dann, wenn man Konsequenzen fürchtet oder sogar angedroht bekommt, sollte man nicht Fehlverhalten für sich behalten müssen, sondern sich selbst die Dringlichkeit klarmachen. Der Arbeitsplatz muss ein sicherer Ort sein, und wenn das nicht gewährleistet ist, läuft definitiv etwas schief. Und das muss geändert werden.

3. Schritt – Eine Feedbackkultur schaffen

»Kultur schaffen« klingt erst einmal abstrakt. Und ich kenne keinen Arbeitgeber, der nicht davon redet, dass die Kultur wichtig für den Unternehmenserfolg und der Faktor sei, der die Mitarbeitenden im Unternehmen halte. Doch die Etablierung einer entsprechenden Kultur ist komplexer als nur der Druck eines netten Spruchs auf einem Banner. Schließlich muss die Kultur das komplette Unternehmen abbilden und von allen Hierarchieebenen geprägt sein. Die Signalwirkung der oberen Führungsebene ist genauso wichtig wie das, was die Teams im Alltag leben. Und ob und wie Feedback gegeben wird, beeinflusst alles.

Wenn auf der Vorstandsebene nur Menschen sitzen, die sich bewusst mit Ja-Sager:innen umgeben, hat keine noch so schöne Präsentation mit Unternehmenswerten und der Wichtigkeit von Feedback eine Chance. Der erste Schritt ist also, sich nicht so wichtig zu nehmen. Jeder Mensch hat eine eigene Geschichte und kann eine individuelle Perspektive bieten. Und wenn man diese nicht hören will, sondern sich nur mit »Mini-Mes« umgibt, die immer die Meinung der Vorgesetzten teilen, statt etwas auch kritisch zu hinterfragen, wird man weder wachsen noch andere dazu ermutigen, Feedback einzuholen oder zu geben.

Für Feedback sollten gewisse Rahmenbedingungen gelten, denn so richtig wertvoll wird es erst, wenn man auch jemanden mit anderer Meinung befragt. Das ist anstrengend und kostet Zeit und Energie, weshalb Unternehmen den Rahmen hierfür geben müssen. Wird der Schritt, Feedback einzuholen und zu geben, nicht als Standardprozess vorgegeben, werden die wenigsten Mitarbeitenden aus Eigeninitiative diesen Schritt in ihren Arbeitsalltag integrieren – letztendlich wird es, wenn nicht vom Arbeitgeber gewünscht und gefordert, sonst nur Zeit beanspruchen, die für andere Aufgaben wegfallen. Alternativ werden nur Menschen befragt, die allem zustimmen, sodass man mit dem Feedback keine Arbeit hat.

Drastisch wird es, wenn ein komplettes Unternehmen keine gesunde Feedbackkultur hat. Man züchtet sich so Mitarbeitende heran, die ihre Meinung und ihren Standpunkt als allgemeingültig betrachten. Wer dann noch entsprechend sozialisiert wurde und gewisse Charakterzüge mitbringt, wird schnell das Gefühl der Unantastbarkeit bekommen, und sich dementsprechend viel herausnehmen.

Im Idealfall wird eine positive Feedbackkultur von ganz oben vorgelebt. Doch wenn das nicht der Fall ist, sind Hopfen und Malz auch nicht gleich verloren. Man kann sehr wohl als Team aktiv Feedbackrunden in den Alltag integrieren und so allen Teammitgliedern antrainieren, die Dinge kritisch zu hinterfragen. Wo Reibung ist, entsteht Hitze, und um Feuer zu entfachen brauchen wir Funken, nicht nur Führungskräfte, die Follower suchen und keine anderen Meinungen gelten lassen oder sogar hören wollen.

4. Schritt – Hohe moralische Standards nicht nur setzen, sondern auch durchsetzen

Beinahe jedes Unternehmen hat einen sogenannten Code of Conduct, einen Verhaltenskodex. Ob in schriftlicher Form und von allen Mitarbeitenden unterschrieben als Zeichen dafür, sich an die Verhaltensrichtlinien zu halten, oder eher auf verbaler Ebene und als etablierte Richtlinien – diese Grundsätze ähneln sich letztendlich überall.

Bei großen Unternehmen lächeln einen Vorstandsvorsitzende mit Personalverantwortlichen von einer Hochglanzbroschüre aus an und stehen mit eigenem Namen für die Einhaltung rechtlicher Grundsätze, aber auch für Respekt, Vertrauen, ein gerechtes Arbeitsumfeld sowie einen loyalen und fairen

Umgang miteinander. Dieser Code of Conduct wird regelmäßig angepasst und erneuert, steht aber letztendlich überall für in etwa die gleichen Werte.

Damit hätten wir ja eigentlich alle Probleme gelöst, sollte man meinen. Schließlich garantieren alle Mitarbeitenden, dass sie sich an diese Grundsätze halten. Wäre das nicht schön, wenn es so einfach wäre? Die Wahrheit ist aber nun mal, dass zwischen dem Versprechen, sich an diesen Kodex zu halten und der tatsächlich gelebten Realität oft Welten liegen.

Um diese Standards nicht nur in der Theorie zu setzen, sondern auch im Unternehmen zu etablieren, bedarf es mehrerer Aspekte: Zum einen muss es eine klare Kommunikation geben, die nicht nur von einer einzelnen Person kommt, sondern vom gesamten Führungsteam vorgelebt wird. Zum anderen muss Konsequenzenmanagement betrieben, also Verstöße hart und konsequent geahndet werden. Wenn ein Unternehmen hinnimmt, dass Menschen den Zettel unterschreiben, auf dem sie sich zur Einhaltung gewisser Regeln verpflichten, aber dann im Endeffekt im Berufsalltag freudig gegen alle diese Grundlagen verstoßen, hat das eine Signalwirkung.

Eine effektive Durchsetzung von hohen moralischen Standards wird eben nicht nur von einem Dokument erreicht, sondern erfordert das konsequente Vorleben durch sichtbare Figuren und das sofortige Ahnden von Verstößen. Nun ist es nicht unbedingt für jede:n ersichtlich, was hinter geschlossenen Türen geschieht, und wer sich ohne viele Zuschauer dann eben doch so verhält, wie das Unternehmen es nicht akzeptieren kann und will. Hier muss man verschiedene Instanzen und Kontrollfunktionen etablieren, sodass niemand das Gefühl hat, unbemerkt anderen schaden zu können.

Der kritischste Punkt, der viel Fingerspitzengefühl erfordert, ist die Meldung von Verstößen. Hier sind alle Augen auf die entsprechende Funktion gerichtet, die für Gerechtigkeit und Gleichbehandlung sorgen soll. Wenn Geschehnisse unter den Teppich gekehrt werden, wo eigentlich für die Mitarbeitenden und den Verhaltenskodex eingestanden werden sollte, ist der Code of Conduct schnell nur noch ein wertloses Stück Papier. Natürlich sollte man niemanden vorverurteilen, doch eine ausführliche Betrachtung der gemeldeten Fälle, ein effektiver Schutz der Hinweisgebenden und ein transparentes Konsequenzenmanagement sind hier ausschlaggebend. Wenn das Unternehmen hier keine deutlichen Zeichen setzt, kann es sich schon auf künftig weitere Verstöße einstellen. Und wem das Unternehmen am Herzen liegt, sollte sich bewusst machen, dass toxisches Verhalten nicht nur die direkten Betroffenen beeinflusst, sondern die Macht hat, die gesamte Unternehmenskultur zu kippen. Es darf hier also keine Ausnahmen geben, auch wenn es sich um den Golfkumpel oder die liebste Kollegin handelt.

5. Schritt – Vorbilder etablieren und ihnen eine Bühne geben

Vorbilder und sichtbare Menschen innerhalb der Firma sind nicht nur für die Außenwirkung wichtig, sondern besonders auch als Signal für die Mitarbeitenden, dass die richtigen Personen gefördert werden. Mit den richtigen Führungskräften an der Spitze wird die Belegschaft inspiriert und fühlt sich dem Unternehmen zugehörig. Das sieht man auch deutlich, wenn wir uns die Followerzahlen der Unternehmen versus der Top-Leader anschauen. So hat Microsoft zwar auf LinkedIn 21 Millionen Follower, aber Bill Gates sogar ganze 35 Millionen. Auf X, ehemals Twitter, sehen wir Apple mit 9,6 Millionen, Tim Cook sogar mit 14,3 Millionen Followern (Stand: November 2023). Das beweist: Menschen wollen von Menschen inspiriert werden.

Unternehmen haben die Aufgabe, die richtigen Personen einzustellen, um dann entsprechend denjenigen eine Bühne zu geben, die als Gallionsfiguren wiederum andere inspirieren und mitreißen. Doch hier ist auch Vorsicht geboten: Es geht nicht darum, Menschen zu fördern, die sich gerne selbst anpreisen möchten, sondern eben die, die andere fördern und wachsen lassen. Sichtbare und einflussreiche Positionen müssen im Idealfall an die am wenigsten toxischen Menschen im Unternehmen gehen.

Es ist ausschlaggebend für die Kultur, die Zufriedenheit und Motivation der Mitarbeitenden, dass die richtigen Menschen eine Bühne bekommen. Und hier ist leider nicht alles Gold, was glänzt. Dass jemand gute Präsentationen hält, sich gut verkauft oder es schafft, einzelne Personen zu begeistern, heißt nicht, dass es sich um die richtige Position für eine verantwortungsvolle Rolle handelt. Hier empfiehlt es sich eher, auf das Feedback der Stakeholder:innen, des Teams oder der Organisation zu hören. Wird diese Person von den Mitarbeitenden als inspirierende Führungskraft angesehen oder handelt es sich um eine:n Selbstdarsteller:in? Genau das ist leider häufig der Fall, wie mir auch während meiner vielen Gespräche zu diesem Buch auffiel. Anstatt die Menschen mit den herausragenden Leistungen zu fördern, die Menschen inspirieren und auf eine gesunde, nachhaltige und vorbildliche Weise führen können, werden immer wieder wichtige Rollen mit Menschen besetzt, die außer der eigenen Selbstvermarktung wenig Mehrwert stiften.

Wir brauchen Führungskräfte, die andere pushen und für eine gesunde, positive Kultur einstehen. Solche, die sich selbst nicht zu wichtig nehmen und nicht alles nur für das Rampenlicht tun. Und je mehr die kritischen und relevanten Stellen mit solchen Menschen besetzt werden, desto einfacher wird der so dringend benötigte Wandel. Die Menschen, die wir in kritische Positionen setzen, sind einer der größten Faktoren, wenn es darum geht, ob wir in der Zukunft noch toxisches Verhalten sehen.

6. Schritt – Diverse Belegschaft

Die Menschen von gestern haben das Heute erschaffen, doch für das Morgen brauchen wir neue Ideen und Fähigkeiten. Wer nach wie vor denkt, dass ausschließlich eine Gruppe der Gesellschaft ausreicht, wenn es um die Gestaltung der Produkte, Dienstleistungen und Visionen von morgen geht, wird auf der Strecke bleiben. Eine diverse Belegschaft ist für eine Wirtschaftlichkeit unabdingbar. Und diese erreichen wir nicht, wenn wir uns darauf verlassen, dass jede:r im Unternehmen bei der Kandidat:innenauswahl die Diversität des eigenen Teams priorisiert. Unterm Strich heißt das: Wir brauchen Einstellungskriterien und Quoten.

In einer idealen Welt reden wir hier allerdings nicht (nur) von Frauenquoten, sondern von einer Belegschaft, die die verschiedenen Diversitätsebenen abbildet. Es geht um viel mehr als nur Geschlechter, sondern um soziale und nationale Herkunft, Alter, sexuelle Orientierung, verschiedene Familienmodelle, schulische und akademische Laufbahnen, körperliche und geistige Fähigkeiten, Weltanschauungen, Kulturen und so viel mehr. Letztendlich sind die meisten, wie bereits am Anfang ausgeführt, dieser Ebenen nicht so leicht zu erfassen und abzubilden. Es lässt sich jedoch oft der Effekt in der Wirtschaft beobachten, dass Teams, die in einer Ebene, wie dem Geschlecht, diverser werden, auch in anderen Ebenen mehr diverse Menschen anziehen.

Wenn nicht alle gleich aussehen, denken und sind, ist der Einstieg für Menschen leichter, die aus dem üblichen Schema fallen und etwas Neues mitbringen. Man kann also den Schluss ziehen, dass man durch das Forcieren von Geschlechterparität in Teams auch Einfluss auf die Repräsentation anderer Diversitätsfaktoren im Team nimmt.

In Unternehmen also dafür zu sorgen, dass es Einstellungskriterien gibt, die langsam, aber sicher für Geschlechterparität sorgen, ist ziemlich sicher eine gute Idee. Wie auch die Einführung von Quoten. Denn die Wahrheit ist: Diversität tut erst einmal ein bisschen weh. Wenn nicht alle genauso aussehen, denken und reden wie die Führungskraft, werden die Meinungen auseinandergehen. Es wird zu Meinungsverschiedenheiten und Konflikten kommen, Projekte werden teilweise länger in der Umsetzung brauchen und es fallen Punkte auf, die ansonsten niemanden interessiert hätten. Im ersten Moment ist Diversität also kein Produktivitätsverstärker, sondern anstrengend und zeitraubend. Dass es keine Option ist, aus Bequemlichkeit Diversität zu umgehen, haben aber hoffentlich inzwischen alle begriffen.

Doch wie es immer ist: Wenn etwas unbequem ist, werden Menschen es meiden. Die Vorstellung, dass wir uns nur zurücklehnen müssen und wie durch Zauberhand Parität in den deutschen Unternehmen einzieht, ist leider weltfremd. Wir müssen dafür sorgen, dass Teams in der Lage sind, die Bedürfnisse der Gesellschaft zu erfassen und abzubilden. Und um das zu erreichen, müssen wir Maßnahmen treffen. Während Unternehmen und Politik Quoten und Kriterien vorgeben können, kann man als einzelne Person dafür sorgen, dass das direkte Umfeld diverser wird. Wir sollten uns alle fragen, ob wir uns mit Kolleg:innen umgeben, die uns entsprechen oder sich in gewissen Themen von uns unterscheiden. Wir können immer wieder aktiv infrage stellen, ob wir selbst, unsere Teams und unsere Führungskräfte einen ausreichenden Fokus darauf haben, uns mit diversen Ansichten und Hintergründen zu umgeben.

7. Schritt – Mentoring und Coaching als Standard in der Karriereentwicklung

Als ich das erste Mal einen Coach an die Seite gestellt bekam, war das für mich etwas Besonderes. Meine Managerin hatte sich dafür eingesetzt, dass ich in der Anfangszeit meiner neuen, herausfordernden Rolle Unterstützung bekam, und ich war ihr sehr dankbar, auch wenn ich nicht so recht wusste, was mich erwarten würde. Eine leise Stimme in mir erinnerte mich jedoch daran, dass Nachhilfe in der Schule negativ belegt war. Als hätte man versagt. Als würde man etwas nicht schaffen. Und auch wenn ich eigentlich wusste, dass das Blödsinn war, war die Freude über die anstehenden Coachingstunden ein wenig getrübt von der Frage, ob das nun ein Eingeständnis sei, dass ich dem Job nicht gewachsen war.

Heute bin ich eine absolute Verfechterin davon, Hilfe anzunehmen. Und auch mein Bauchgefühl ist voll dabei. Hilfe anzunehmen ist kein Zeichen von Schwäche, sondern von Stärke. Sich einzugestehen, dass man nicht alles kann, aber Potenzial zum Lernen hat, sollte eigentlich nicht schwer sein, denn logisch betrachtet kann niemand perfekt sein. Emotional ist das aber etwas anderes. In einer Leistungsgesellschaft, in der sich viele über ihren beruflichen Erfolg definieren, und in der nach wie vor Therapie und andere Hilfsangebote stigmatisiert werden, kann es auch bei noch so emanzipierten und fortschrittlichen Menschen ein flaues Gefühl im Magen auslösen, Hilfe anzunehmen.

Wir müssen es auch in der Arbeitswelt schaffen, dieses Stigma loszuwerden. Ohne Hilfe, Berater:innen, Coaches und Mentor:innen wird niemand das eigene Potenzial voll entfalten können. Und während einerseits Führungskräfte sich immer mehr in die Rolle entwickeln, ihren Mitarbeitenden eine helfende Hand statt einer Kontrollinstanz zu sein, muss auch aktiv nach dieser Hilfe gefragt werden. Idealerweise werden neue Stellen, Projekte und Verantwortlichkeiten nur in Kombination mit einer gewissen Anzahl Coachingstunden vergeben. Und idealerweise haben wir alle die Erwartungshaltung, dass uns diese Unterstützung selbstverständlich zur Seite gestellt wird und helfen wird.

Die Kraft, die in Coaching und Mentoring steckt, ist praktisch endlos. Oft spricht man mit Menschen, die schon einmal in einer ähnlichen Situation waren und einen an deren Expertise und Erfahrungen teilhaben lassen. Auch das Thema der Reflexion ist wesentlich einfacher, wenn man eine Person an der Seite hat, die außenstehend und neutral ist. Je mehr man mit Menschen spricht, die verschiedene Perspektiven und Methodiken anbieten, desto leichter kann man den eigenen Weg finden und sich entsprechend von bestimmten Führungsstilen, Vorgehensweisen und Ansichten abgrenzen.

Für die Unternehmen ist der Vorteil solcher Angebote für ihre Mitarbeitenden mindestens genauso groß wie für diese selbst. Neben ihrer erhöhten Motivation, die dazu führt, dass sie potenziell länger beim Unternehmen arbeiten und damit wertvolles Fachwissen erhalten bleibt, führt die Sicherheit, die man durch solche Beratungsangebote erlangt, zu besseren Leistungen und gesteigerter Produktivität. Besonders in schwierigen Situationen wie Konflikten, Eskalationen oder Krisen profitieren Unternehmen davon, wenn die Mitarbeitenden einen kühlen Kopf bewahren, dementsprechend mithilfe der Ratschläge und externen Hilfe den Umstand gut lösen können. Wenn wir berufsbegleitend Menschen Hilfe für die entsprechenden Lebens- und Arbeitsphasen anbieten, werden diese Personen nicht nur motivierter und glücklicher sein, sondern auch mit hoher Wahrscheinlichkeit bessere Arbeitsergebnisse produzieren.

8. Schritt – Jemanden mitnehmen

Viele von uns haben Privilegien. Und viele von uns haben schon davon profitiert, dass jemand mit mehr Privilegien uns eine Hand gereicht oder den Weg geebnet hat. Und auf genau diese Weise sorgen wir letztendlich für eine gesündere und bessere Arbeitswelt. Privilegien sind toll, solange man sie für positive Veränderungen nutzt. Ich erinnere mich lebhaft an die »Black Lives Matter«-Demonstration in den USA, bei der eine weiße Frau sich vor einen Schwarzen Mann stellte, als ein Polizist auf ihn zuging. Dieses Bild ist so einprägsam und berührend, weil es die Macht von Privilegien zeigt. Eine weiße Frau hat in aller Regel weniger von einem amerikanischen Polizisten zu befürchten, daher nutzte sie ihr auf ihrer Hautfarbe (und eventuell auf ihrem Geschlecht) basierendes Privileg, um sich schützend vor einen Mann zu stellen, der mit der Teilnahme an dieser Demonstration ein ziemlich großes Risiko eingegangen war. So eingesetzt sind Privilegien wertvoll und können die Gesellschaft nachhaltig verbessern.

Die Zauberformel lautet: Wann immer du wenig zu befürchten hast, zieh jene mit, die eine schlechtere Ausgangssituation haben. Nur wenn wir das tun, können wir für eine Chancengleichheit sorgen. Wir können zwar die

Gesellschaft nicht von heute auf morgen umkrempeln und die Grundbedingungen auf einen Schlag für alle auf den gleichen Ausgangspunkt bringen, aber wir können unsere Privilegien täglich richtig einsetzen.

Das kann der weiße Mann sein, der dem Schwarzen Mann eine Bühne gibt. Ein Mensch ohne Behinderung, der einem Menschen mit Behinderung zu Erfolg verhilft. Das kann die Person ohne Migrationshintergrund sein, die jemandem mit selbigem und Diskriminierungserfahrungen den Vortritt lässt. Und so ebnen wir den Weg, indem wir mehr Diversitätsfaktoren normalisieren. Wenn soziale Herkunft, Lebensmodell und die Hautfarbe keine Alleinstellungsmerkmale auf gewisser Ebene mehr darstellen, sind wir am Ziel – und dazu können wir alle beitragen.

Wenn ich weich falle, kann ich mehr riskieren. Es sollte in unser aller Verantwortung liegen, mehr zu riskieren, wenn andere das nicht können. Jede:r im eigenen Maße, jede:r im Rahmen der eigenen Möglichkeiten. Nur dann schaffen wir es, starre Muster aufzubrechen, wenn wir Privilegien nicht abstreiten und sie als nichtig oder irrelevant ansehen, sondern uns unserer Privilegien bewusst werden und sie dafür einsetzen, andere mitzuziehen.

9. Schritt – Flexible Arbeitsbedingungen schaffen

Kaum ist die Pandemie vorbei, verlangen Unternehmen wieder Präsenzzeit im Büro, am besten fünf Tage die Woche, mit Kernarbeitszeit von 10 bis 16 Uhr. Davon, dass wir gerade eindrucksvoll bewiesen haben, wie gut flexibles Arbeiten und eine dynamische Umgebung zusammenpassen, wollen einige nichts mehr wissen. Hierbei wird oft übersehen, dass nicht jede gesellschaftliche Gruppe starre Arbeitszeiten und -orte ohne Opfer gewährleisten kann. Eltern, die auf die Kinderbetreuung Rücksicht nehmen müssen, Menschen, die Angehörige pflegen, introvertierte Menschen, für die eine laute Umgebung weniger produktiv ist, Menschen, für die der Arbeitsweg eine Herausforderung darstellt, Mitarbeitende, die über verschiedene Zeitzonen hinweg arbeiten – die Liste der Menschen, die von flexibleren Arbeitsbedingungen profitieren, scheint endlos. Und der Großteil derer, für die eine reguläre Fünf-Tage-Woche mit Kernzeit im Büro eine Herausforderung darstellt, sind nun mal oft diejenigen, die eine Diversitätsebene mitbringen.

Wenn wir also nach one-size-fits-all alle wieder im Büro erscheinen lassen, verlieren wir die neu gewonnene Flexibilität, die letztlich ein Stück Chancengleichheit geschaffen hatte. Und schon wundert man sich nicht mehr, dass diese Firmenpolitik am lautesten von Menschen gefordert wird, die noch nie mit den Herausforderungen einer inflexiblen Regelung umgehen mussten.

Es ist unbestritten, dass Teams von physischer Präsenz auch profitieren, denn es trägt zu gesteigerter Verbundenheit, Kreativität und Innovationskraft bei. Auch die menschliche Ebene kann nicht außer Acht gelassen werden: Selbstverständlich ist es leichter, in Persona eine Bindung aufzubauen und das Vertrauen von Menschen zu gewinnen als rein virtuell. Ich habe selbst mehrere internationale Mitarbeitende geführt und konnte aufgrund der Pandemie nicht alle im echten Leben kennenlernen. Man kann auch virutell eine gute zwischenmenschliche Beziehung aufbauen, doch es ist komplexer und zeitintensiver.

Die Lösung kann also nicht sein, dass jede:r von uns nur noch zu Hause allein die Aufgaben erledigt und die Kolleg:innen niemals trifft. Gleichzeitig missachtet eine starre »Zurück ins Büro«-Regelung, welche Vorteile solche Mitarbeitenden vom Arbeiten zu Hause hatten, die eben nicht uneingeschränkt ihre Verantwortlichkeiten im Privatleben zehn Stunden lang pausieren können. Von den Umweltfaktoren in Bezug auf den täglichen Arbeitsweg ganz abgesehen.

Die optimale Lösung liegt also irgendwo in der Mitte. Nun werden von Unternehmen Hybridlösungen präsentiert, die fixe Bürotage vorschlagen und dem Ganzen wieder einen starren Rahmen geben wollen. Sicher, das ist besser als die Vollzeitwoche im Büro, doch flexibel ist anders. Die Innovation kommt auch nicht in Unternehmen zurück, indem wir im Büro von Telefonat zu Telefonat rennen und uns um die Meetingräume streiten, damit wir in Ruhe sprechen können. Das aber ist nun mal leider die Realität, die wir vermehrt in den Büros sehen, seit die Unternehmen ihre Mitarbeitenden wieder aus dem Homeoffice holen.

Stattdessen brauchen wir eine Lösung, die einerseits die Menschen an einen Tisch bringt und sie gemeinsam Ideen entwickeln lässt, andererseits aber Menschen mit diversen Hintergründen und Lebensmodellen die Möglichkeit des flexiblen Arbeitens gibt. Dieser Rahmen lässt sich jedoch schlecht auf höchster Hierarchiestufe für alle Teams festlegen.

Die Lösung für Mitarbeitende und Teams muss eine individuelle sein. Die Anforderungen und Arbeitsbedingungen sind unterschiedlich, also muss es auch der Weg sein. Es gibt selbstverständlich genügend Berufe, die eine physische Anwesenheit erfordern: Produkte produzieren sich nicht von allein, Maschinen müssen überprüft, gewartet und repariert werden, Ärzt:innen und Pfleger:innen können sich schlecht aus dem Homeoffice um die Menschen kümmern. Doch da, wo es möglich ist, sollten wir die Entwicklung nicht bekämpfen, sondern steuern.

Beispielsweise profitieren wir weit mehr von Seminaren, Design-Thinking-Tagen und gemeinsamen Aktivitäten, als davon, nebeneinander zu sitzen und mit Dritten zu telefonieren. Wenn wir die gemeinsame Zeit bewusst gestalten und nutzen, zeigt sich der tatsächliche Mehrwert kollaborativer Arbeit. Lasst uns also weniger formelle Rahmen schaffen, sondern vielmehr auf individueller Ebene schauen, wie wir Menschen zusammenbringen, sodass sie voneinander lernen und eine Verbindung aufbauen oder weiterentwickeln können. Das kann bedeuten, dass wir als globales Unternehmen weniger Büros anmieten, dafür aber mehr Reisebudget zur Verfügung stellen. Oder dass wir in regelmäßigen Abständen Tagungen organisieren, in denen wir bewusst das Tagesgeschäft ruhen lassen und die gesamte Energie des Teams nutzen, um kreative Lösungen für Herausforderungen des Unternehmens zu finden.

Was auch immer die Lösung der Zukunft ist – sie findet sich ganz sicher nicht in der Vergangenheit.

10. Schritt – Keine Ausreden gelten lassen

Der letzte Punkt ist aus meiner Sicht einer der wichtigsten, wenn wir die Geschehnisse in Unternehmen betrachten. Zu oft wird weggeschaut, wenn Menschen ihren hohen, verantwortungsvollen Führungspositionen nicht gewachsen sind. Konkret bedeutet das: Es werden fehlende Führungskompetenz und Empathie heruntergespielt – oft mit der Begründung, dass die Person aber wichtige andere Kompetenzen mitbringe: Sei es eine beeindruckende technische Expertise, die Stärke, unangenehme Gespräche abzuwenden, oder die Fähigkeit, leidige Themen abzuarbeiten. All das sind sicherlich wertvolle Kompetenzen, jedoch haben sie nichts mit der tatsächlichen Führungskompetenz zu tun. Zu oft hört man leider, dass man sich bewusst sei, dass die Person keine gute Führungskraft sei, aber es eben noch einen anderen Faktor gebe, der das ausgleiche – eine langjährige Freundschaft mit jemandem im Vorstand, einen Gefallen, der vor Jahren getan wurde, oder auch Wissen, das man nicht verlieren wolle. Und all das können sicherlich gute Gründe sein, jemanden im Unternehmen halten zu wollen. Doch es darf nicht *der* Grund sein, der Person eine verantwortungsvolle Führungsrolle zu geben. Wenn wir wissen, dass jemand nicht für die Leitung einer Organisation qualifiziert ist, dann darf es keine Ausrede geben, warum man es trotzdem in dessen Verantwortung legt.

Besonders bei entsprechendem Feedback – Beschwerden, schlechte Werte in Umfragen unter den Mitarbeitenden, Vorfälle – darf keine Ausrede herangezogen werden, damit die Person dort bleiben kann, wo sie ist. Daher darf die Rolle der Führungskraft keine Auszeichnung sein, die man Menschen gibt, um sie zu ehren und zu halten. »Führungskraft« muss ein Beruf sein, der ein Anforderungsprofil mit sich bringt. Und so wie nicht jede Person Psycholg:in, Architekt:in, Erzieher:in oder Forscher:in werden sollte, sollte Führungskraft keine Auszeichnung und Karrierestufe sein, sondern ein Weg, der für manche Menschen der richtige ist, aber für manche eben nicht.

Es muss die Aufgabe jedes Unternehmens sein, Menschen dann solche Rollen anzuvertrauen, wenn ihre Fähigkeiten und Eigenschaften zu dem Job passen. Und auch, wenn jemand sich sehr die Führungsposition für sich selbst wünscht: Dankbarkeit oder Verbundenheit darf hier kein Faktor sein.

Wer Ausreden gelten lässt, um Menschen verantwortungsvolle Führungsaufgaben zu übertragen, wird entsprechenden Organisationen dabei zuschauen können, wie sich Kultur, Motivation und Vertrauen negativ entwickeln.

ABSCHLIESSENDE WORTE

Soweit zum Schlachtplan. Das ist natürlich alles vereinfacht und generalisiert dargestellt, und je nach Unternehmen, Person und Situation kann manches mehr oder weniger gelten. Doch am wichtigsten ist das Bewusstsein für Grenzen, Gerechtigkeit und Menschlichkeit. Und das Wissen, dass wir hier keinen Geschlechterkampf austragen, auch wenn das oft suggeriert wird.

Wir sind viele. Und wir leiden unter den Auswirkungen der toxischen Männlichkeit und den etablierten Rahmenbedingungen, von denen nur die Wenigsten profitieren. Und mit diesem Wissen können wir die Welt verändern. Erst unsere eigene, kleine Welt. Aber im nächsten Schritt die gesamte Arbeitswelt. Gemeinsam. Denn:

Wir sind die Zukunft.
Wir sind die, die von gestern lernen, um morgen zu gestalten.
Wir sind die, die hinterfragen und verändern.
Wir sind die, die den Weg ebnen.
Wir waren die, die belächelt wurden.
Wir waren die, denen Genügsamkeit und Dankbarkeit gelehrt wurde.
Wir waren die, denen gesagt wurde, sie könnten alles sein, und die dann alles wurden.
Alles. Auf einmal. Gleichzeitig.
Wir waren die, die doppelt schreien mussten, um einfach gehört zu werden.
Wir sind die, die unsere Stimme finden und nutzen.
Wir sind die, die man nicht mehr übersehen kann.
Wir sind die, die von gestern lernen, um morgen zu gestalten.
Wir sind die Zukunft.

ÜBER DIE AUTORIN

Sophie Bieber arbeitete bereits in leitenden Positionen in diversen Branchen wie Automotive, Pharma u. a. und war neun Jahre für SAP tätig. Seit 2023 ist sie bei Uipath, der führenden Plattform zur Automatisierung von Roboterprozessen. Sie ist auf LinkedIn zu Themen wie Frauen in Führungspositionen, Unternehmenskultur oder Frauen in der Tech-Branche aktiv und konnte bisher über 15.000 Follower für sich gewinnen.

ANMERKUNGEN

1 https://echte-vielfalt.de/aufklaerung-und-bildung/was-ist-eigentlich-toxische-maennlichkeit/.

2 Ustorf, A. E. (2008). Wir Kinder der Kriegskinder. Die Generation im Schatten des Zweiten Weltkriegs. Freiburg im Breisgau: Herder.

3 Alberti, B. (2019). Seelische Trümmer: Geboren in den 50er- und 60er-Jahren: Die Nachkriegsgeneration im Schatten des Kriegstraumas. Mit einem Nachwort von Anna Gamma. Überarb. u. erweiterte Neuausgabe. München: Kösel.

4 Alberti, B. (2012). Seelische Trümmer. 4. Auflage. S. 44–51.

5 https://www.deutschlandfunk.de/truemmerfrauen-studie-wer-deutschland-wirklich-vom-schutt-100.html#:~:text=Die%20Tr%C3%BCmmerfrau%20%E2%80%93%20ein%20Mythos.,der%20sowjetischen%20Besatzungszone%20damit%20besch%C3%A4ftigt.

6 Ustorf, A.-E. (2012). Wir Kinder der Kriegskinder. 3. Auflage. S. 91–93.

7 Oransky, M. & Marecek, J. (2009). »I'm not going to be a girl«: Masculinity and emotions in boys' friendships and peer groups. *Journal of adolescent research, 24*(2), 218–241.

8 Studie »Spannungsfeld Männlichkeit« von Plan International, https://www.plan.de/presse/umfragen-und-berichte/spannungsfeld-maennlichkeit.html?sc=IDQ24100.

9 https://www.who.int/data/gho/data/themes/mental-health/suicide-rates.
https://www.who.int/news/item/17-06-2021-one-in-100-deaths-is-by-suicide.

10 Liddon, L., Kingerlee, R. & Barry, J. A. (2018). Gender differences in preferences for psychological treatment, coping strategies, and triggers to help-seeking. *British Journal of Clinical Psychology, 57*(1), 42–58, https://psycnet.apa.org/record/2003-02034-001; Möller-Leimkühler, A. M. (2009). Männer, Depression und »männliche Depression«. *Fortschritte der Neurologie Psychiatrie, 77*(7), 412–422.

11 Winkler, D., Pjrek, E. & Kasper, S. (2005). Anger attacks in depression – evidence for a male depressive syndrome. *Psychotherapy and psychosomatics, 74*(5), 303–307.

12 https://karger.com/pps/article-abstract/74/5/303/282147/Anger-Attacks-in-Depression-Evidence-for-a-Male.

13 WHO: https://www.who.int/data/gho/data/themes/mental-health/suicide-rates.

14 Weltgesundheitsorganisation: https://iris.who.int/bitstream/handle/10665/341728/9789240026643-eng.pdf?sequence=1.

15 Jo Lovett & Liz Kelly (2009), Different systems, similar outcomes? Tracking attrition in reported rape cases across Europe. siehe: https://www.frauen-gegen-gewalt.de/de/aktionen-themen/kampagnen/vergewaltigung-verurteilen/zahlen-und-fakten-zum-plakat-vergewaltigung-verurteilen.html.

16 https://www.nytimes.com/2016/03/20/upshot/as-women-take-over-a-male-dominated-field-the-pay-drops.html.

17 www.allbright-stiftung.de/fakten und www.allbright-stiftung.de/spitze.

18 https://genius.com/Gillian-flynn-gone-girl-cool-girl-monologue-book-annotated.

19 AllBright Bericht 2017 – »Ein Ewiger Thomas-Kreislauf?«, https://www.allbright-stiftung.de/aktuelles/2019/6/17/der-neue-allbright-bericht-ein-ewiger-thomas-kreislauf-.

20 Global Gender Gap Report 2023 des World Economic Forum: https://www3.weforum.org/docs/WEF_GGGR_2023.pdf.

21 https://www.bka.de/SharedDocs/Downloads/DE/Publikationen/JahresberichteUndLagebilder/HaeuslicheGewalt/HaeuslicheGewalt2022.pdf?__blob=publicationFile&v=9.

STICHWORTVERZEICHNIS